U0321701

常读·趣味集

互联网新物种新逻辑

◆ 陆新之　主编

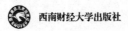西南财经大学出版社

"常读"系列编委会

（名单以姓氏笔画为序）

你一定很少看书了，因为累；杂志也懒得看了，因为忙。

但你依然在看和读：早起的枕畔，浴室里面，午饭后的瞌睡间歇，临睡前的挣扎，你不时点开的手机屏幕上……

我们不能给你阅读的理由，但我们知道，有些内容可以让你的朋友圈更优雅。

我们不能拼接你碎片化的时间，但我们相信，有些阅读可以让你放慢脚步，哪怕只是假装。

目录

上篇　互联网+进行时

下篇　移动互联网时代的各种尝试

上 篇

互联网 + 进行时

方兴未艾的人工智能

近期，人工智能成为一个互联网热词。从科幻热门电影《星际穿越》里的机器人塔斯和凯斯、歌星求婚的无人飞机，到大慈善家曹德旺的玻璃厂里面忙碌的"机械臂"，再到全国政协委员的"中国大脑"提案，其实都与人工智能密切相关。

人工智能（Artificial Intelligence），英文缩写为AI。它是研究、开发用于模拟、延伸和扩展人的智能的理论、方法、技术及应用系统的一门新的技术科学。人工智能是对人的意识、思维的信息过程的模拟。人工智能不是人的智能，但能像人那样思考，而且从目前趋势来说，肯定可以超过人的智能。总的说来，人工智能研究的一个主要目标是使机器能够胜任一些通常需要人类智能才能完成的复杂工作。但不同的时代、不同的人对这种"复杂工作"的理解大为不同。未来，人工智能将会前所未有地渗透到社会的各个层面。

近期，有关人工智能的新闻越来越多。最容易让大家习以为常的人工智能应用新闻是专业媒体尝试由机器自动写作股票投资报告，而对冲基金则争取让机器人取代股票分析师，在资本市场中寻求最佳的投资组合，以提升公司的投资效益。

据了解，很多投资机构都在运用人工智能进行证券投资。这些人工智能系统构建了学习机制和知识库，因此，具备了一定的学习、推理以及进行决策的能力。这样一来，传统的投资策略生产模式将被颠覆，大部分分析师的工作都可以被人工智能取代，而且可能做得更好。事实上，用电脑代替人脑进行思考判断，在股市下单，这个想法早已有之。20世纪80年代的华尔街就已经不断有机构尝试。只是那时候的交易设计比较简单，所以效果不佳。1987年股灾的原因之一就是各家机构的交易系统因为技术指标转坏，触发了集体的抛出指令，引发了连锁反应。而今天的硬件设施与软件系统已经比起30年前突飞猛进，连投资这样高风险的业务都可以让人工智能来完成，在传统制造业与服务业方面，人工智能可以做到的事情就更多。随着近几年大数据技术和机器学习技术的广泛应用，人工智能已经具备了超越设计开发者的认知和视野的能力。它们可以"贡献"新的认知，不仅会执行指令，还能自己想出很多主意，这就是今天的人工智能比起以往时代的机器人都要能干与可怕之处。

当然，与人工智能有关的不一定都是好消息。道高一尺魔高一丈。大科学家史蒂芬·霍金、世界首富比尔·盖茨等人都提出警告。他们认为今天的人类正站在人工智能变革的边缘，这次变革将和人类的出现一样意义重大，而人工智能将来有可能成为毁灭人类的力量。这种担心不无道理。许多科幻小说里面都提到过类似的情节——一台或者一批自我学习能力极强，与人类比起来，几乎不会犯错的电脑，最后成为终极的大BOSS，要操纵人类社会。不过，在这一切发生之前，我们优先考虑的还是如何利用人工智能产业化，实现对社会的正向价值。

产业趋势方面，手机等移动终端的竞争已经到了白热化，成为最深颜色的红海。即使是一直领先的苹果公司，优势也没有以前那么明显。有人预言，当苹果出到8s版本的时候，就已经不会再有传统意义上的手机了。可穿戴设备的研发与投资很多，这类产品，原本可以解放人类的双手与十指，有足够想象空间，但是几年来，这个行业的实践者，始终没有推出真正打动用户的"杀手"级产品。在用户体验方面，并没有出现极致快感的产品。同时，留给可穿戴设备的时间已经不多了。因为随着人工智能的发展，未来很可能会出现更加微型的设备，甚至可以直接植入人的身体。就像一台智能手机，代替了MP3、相机、录像设备与电话，未来高度的人工智能产品，很可能收割之前各项数码产品的光荣。也就是说，人工智能将会出现数万亿美元的大市场。所谓的移动互联网时代，比起传统个人电脑互联网时代的市场规模要大十倍，而移动互联网的真正全面铺开，将不仅仅是手机或者可穿戴设备，更多是由各种形式的人工智能产品来实现。

在人工智能这个范畴，中国并没缺席。文献记载中，最早关于机器人的记录出自《列子·汤问》，其中的周穆王见到的巧匠偃师制造的"木甲艺伶"就是这样的。至于诸葛亮的木牛流马与唐朝的木头仕女的传说，也可见先民们对于人工智能的美好想象。今天在人工智能方面，中国整体的进展不算落后，不缺突出的单个项目与国际水准的优秀人才，但是往往陷入各自为战与分割推进，效率低，成果少。概而言之，真正缺乏的是人工智能领域的整合与布局。在2015年3月举行的"两会"上，百度创办人李彦宏提出的"中国大脑"计划非常有针对性。他的提议，其实是建设一个"人工智能的基础设施"，即以智能医疗诊断、智能无人飞机、军事和民用机器人技术等为重要研究领域，建立相应的服务器集群，支持有能力的企业搭建人工智能基础资源和公共服务平台，然后开放给社会各个层面，包括科研机构、公司，甚至是创业者，让公众能够方便地在这个大平台上进行各种各样的尝试和创新。这是非常有想象力和实用价值的一步，如果能够实现，将能够迅速赶上人工智能的最新趋势，不仅能够带动整个国家创新能力的提升，还能够高效率地实现多种创新能力的落地。更重要的是对于社会来说，这意味着在未来十年到二十年，将会贡献出许多新的就业机会与可持续的绿色经济增长点。

另外，在2015的博鳌亚洲论坛上，李彦宏、比尔·盖茨、特斯拉首席执行官马斯克这三位大佬进行了深入对话，他们对人工智能高度关注。

目前，李彦宏正在带领百度的研发人员全力进军人工智能领域。为此，他们成立了百度青年科学家"少帅计划"，全面发力智能语音、图像识别、百度大脑等人工智能领域业务，加之2014年，谷歌首席深度学习科学家吴恩达加盟百度，这让百度在人工智能方面的投资成为国内行业的翘楚。比尔·盖茨此前也曾说过，如果自己退休后不是做慈善就一定会带领微软的团队去做人工智能。2014年4

月，微软公司也推出了人工智能系统Adam，并以此向谷歌的人工智能技术发起挑战，欲借人工智能在未来重回巅峰。而特斯拉首席执行官马斯克在此前提出过"恶魔人工智能"论，担心人工智能带来毁灭。这标明，马斯克认为未来人工智能的功能会很强大。

在这次博鳌论坛上，李彦宏认为将来会有更多的公司投入到人工智能领域，而马斯克则表示自己不反对人工智能的进步和发展。他认为这个技术是很有发展前景的，但应该进行必要的安全控制。盖茨也对人工智能十分赞成。

大佬们为何都对人工智能技术寄于厚望？这背后所体现出的逻辑是什么？

1. 大数据时代，离不开人工智能

近年，人工智能之所以被推上风口浪尖，是因为，一方面人工智能自身的技术发展得到了一定的突破，另一方面，在大数据时代，海量的数据产生。而如何让这些数据得到合理的利用，将其进行更多的商业化落地，这是所有行业所面临的重任。当务之急，正如马云所说，"我们正在从IT时代过渡到DT时代"，在这个全新的时代，我们将会面临全新的挑战。

而人工智能此时则能突显其重要作用。它除了能为用户提供所需要的结果之外，还能直接进行更多的决策，当人工智能技术的发展越来越全面，那么其可能为人们提供的决策将会越多，被授予的权限也将更大。而人类将会从众多艰难的决策中解脱出来，从而去应对更多其他的事情。

小米公司董事长雷军曾经说过，如果小米公司在未来不能够将用户的数据转化为商业价值，不能成为一家大数据公司的话，那么小米的命运就不会掌握在自己的手里，而且还会面临巨额亏损。同时，阿里巴巴集团公开了其神秘的数据科学与技术研究院（IDST），表面看，他们都是为了布局大数据，其实，要利用好大数据，则要依靠人工智能。

2. 物联网的升级离不开人工智能

未来，一切都将联网，人与人的连接正在加入人与物的连接，而下一步就是物与物的连接。比如自动驾驶汽车走上公路，就需要公路监视系统，自动驾驶汽车的联网，等等，而控制并协调这一切的则只能是人工智能，人工智能将会实现自动调配，处理各种意外突发事件，等等，如果没有人工智能，那么自动驾驶完全是空谈。

马斯克的特斯拉，其最终的发展趋势是自动驾驶，而且谷歌、百度等巨头都在尝试这一领域，所以马斯克的"恶魔人工智能"论无疑是被媒体炒作的结果，实际上马斯克是最为需要人工智能的。

除了自动驾驶汽车这一案例外，今后的万物联网还将包括各种器物，包括冰箱、洗衣机、水杯等一切，这些物联网产品将全方位地监控你的行程以及健康，而此时要从这些数据中产生价值，为你提供更有效率的服务，更健康的决策，就注定无法离开人工智能。

"双十一"貌似已经老了

从2009年第一个"双十一"购物节开始，原本平凡的"双十一"成为一年一度颇为火爆的电商购物节，并且"双十一"的购物氛围和理念也已逐渐被广大民众所接受和喜爱。线上交易量也是屡创新高。2015年"双十一"当天，天猫总交易额达912亿元，创造了七届"双十一"以来的历史新高。

在这七届"双十一"购物节中，特别值得解读的是2014年的"双十一"。这是阿里巴巴2014年9月在上市后最为关键的一天。这一届"双十一"，阿里巴巴旗下的天猫创下571.1亿元的成交额，同比增长59%；其中移动端消费243.3亿元，占比42.6%。订单总量2.79亿。参与交易的国家和地区超过240个。相关数据再次刷新了单一电商平台单日交易的世界纪录，随之而来的各种解读自然是铺天盖地。但是，这一系列爆发性增长的数据后面，隐约可以看到种种迹象，那就是"双十一"在2014年出现了一个不明显拐点，这个拐点，不是数量上的拐点，而是消费心理与商业文化的一个大转折。

"双十一"这一天疯狂打折的这种做法，在中国零售业的近30年历史中，不断上演。其表象与实质，都是价格战。我们在商业历史上可以看到，价格战从来都只是一时一地的战术手段，而不会成为主流的商业模式。

对于积极参与"双十一"的朋友，在午夜倒数等着购物车里面的东西下单的时候，他们是很快乐的。尤其是自己抢到了心仪打折的东西，而想到别人的购物车收藏在一分钟之内变成灰色的时候，网购者甚至会产生一些竞技胜利的快感。但是，当第二天醒来或者收到快递的时候，他们因为打折所产生的满足感越来越低。如果说，前两年网民在"双十一"网购会感到特别快乐，觉得自己赚了很大的便宜，但2014年这种感觉已经大大弱化了。

事实上，当人们的收入水平到了一定程度，尤其是他们经历越来越多重复价格战的电商活动日之后，价格降低这种体验所带来的满足感边际效应急速递减。天猫的用户已经越来越扩散到三四线，甚至是四五线城市的时候，连海外购买也成为了对571亿元做出贡献的时候，我们可以大胆预测，以天猫"双十一"造节为代表的中国电商的1.0时代，已经来到了一个非常重要的转折点。

"双十一"之所以能够达到这么高的成交额，得益于电商与物流企业的服务改善。尤其是在开始几分钟的迅猛需求，阿里的体系能够承受，这也是一个实在的进步。而且不是一家企业的进步，是整个互联网行业的进步。阿里在全国布置的总带宽可同时服务650万人在线观看高清电影；支付宝每分钟能支持100万人买单；各家快递公司新增从业人员25万；快递增加作业场地185万平方米，相当于259个标准足球场。而这些也都让电商和经济界人士在未来的商业世界之中有更多的话语权与影响力。

回看"双十一"这几年的历程，虽然议论很多，毁誉参半，但是当年只是玩票性质出现的"双十一"，已然成为上市的阿里巴巴集团的一个超级武器。它对电商情绪的每次引爆，都牢牢地奠定了阿里系在电商之中的地位。在阿里上市之后五年内，这个第一的位置看来将坚不可破。而更现实地说，虽然有着刷单、假货等各种毋庸回避的问题，但是"双十一"成为一个全民狂欢，尤其是互联网一代用钱投票的大试验场。

无论是各种买家奇葩晒图，还是买卖双方在评价体系的直接对话，都显示出一种前所未有的气氛。商家、消费者和网购平台第三方公司，构成了市场交换层面的三种力量的均衡。比起其他途径，每个消费者能更便利地表达出自己的观点。交易费用的降低带动了商品价格的降低，而且这种需求一旦产生，氛围一旦形成，将不可逆。"双十一"狂欢的参与者，很多是中产阶级、知识分子以及城乡"屌丝""草根"，他们是移动互联网的骨干力量；撇开敏感因素而言，参与"双十一"的六亿多人，无疑是中国社会的主流。他们对于社会的理解、消费的方式以及对于自身需求的认知，都处于一个前所未有的加速年代。"双十一"对于消费者来说，是个性释放的开始。"买买买"这句憨厚的网络流行词，显示出了这群新人类们的选择与意愿。

这一次的"双十一"，几大重要门类的销售额排名，都是几家老公司的老面孔。而在细看其后的排行榜以及消费者的议论，也能依稀看到变革的趋势。同样机械重复的刺激作用已经有限，未来的电商与"双十一"的焦点，将由物品与价格逐步转化为服务与个人体验。在美国，最具可比性的当属感恩节期间的"黑色星期五"和"网购星期一"。因为之后不久就是圣诞节，所以这个打折季会持续两个月，是最疯狂的折扣季节。而商场里面人山人海的拥挤景象，跟我们身边的72小时不打烊活动并无两样。实体接触喧闹而产生的种种购物不愉快，消费者在没有替代品的时候，处于对低价的追求而被迫忍受。年轻一代选择网购以及"双十一"，拥趸数量突飞猛进，其实就是对于实体店打折的体验的提升需求推动。不过，在三年前，这种替代是成立的，是革命的。但是到了2014年，已经经历过更多种互联网服务的网民，开始更注重自己的感受，对于电商的体验要求已经逐步提高。曾经有个说法，互联网行业，是中国企业与国际企业起步点最接近的一个领域。国际大鳄在互联网行业，面对本土公司，并没有出现特别大的优势。这也是为何多家国际互联网巨头在中国与本土同行竞争的时候屡次受挫的重要原因之一。针对中国本土消费者的需求与口味提供独特服务的草根公司更是屡屡上演逆袭好戏，一骑绝尘地遥遥领先。而现在，这种现象有可能在消费者身上发生。也就是说，在大数据应用的背景下，消费者网购获得的服务与体验将会比起美国人、欧洲人获得的服务与体验更好。而且这不是什么神话。

　　2014年的"双十一"是阿里巴巴公司的一次盛宴。从该公司公布的2014年"双十一"数据中，我们可以看出：网购已经开始对传统消费方式发起强有力的挑战，而且迸发着惊人的潜力，孕育无限的未来。2014年"双十一"电商的抢眼表现，也逐渐体现了该行业未来的三大发展走向，即移动无线购物、线上线下联合、大数据分析整合。

第一，移动无线购物。目前，智能手机已经大量普及，手机上网已经成为主流。2014年"双十一"开场仅1分钟，就有200多万用户涌入手机淘宝。开场仅4分10秒，手机淘宝的支付宝成交额就已突破1亿元。在开场的一个小时中，有1 400多万用户通过手机完成购买。1小时10秒钟以后，手机淘宝支付宝成交额突破了10亿元，已超过了2013年"双十一"24小时手机购物的整体交易额9.6亿元。1小时左右的手机购物交易量，就突破了2013年整天的数据。移动无线购物市场的发展可见一斑。

阿里巴巴集团资深副总裁吴泳铭表示，从2010年智能手机开始普及到今天，手机购物已经有了飞速发展。用户在购物时的信息来源于其他地方，包括微博、社区、广告等，但最后的成交都集中在了手机上，无论用户在任何地方、任何场景产生了购物决策和冲动，都可以在手机上完成。

电商已经敏锐地捕捉到了这一商机，在手机上给卖家和买家分别推出了许多不一样的玩法，比如手机淘宝的"微淘"平台，买家可以在微淘上发现更多好玩的商品、活动，还可以及时与卖家进行互动交流。同时阿里巴巴还在手机端推出了一些游戏和智能工具，以此来帮忙用户更简单地购物。即使在没有信号的地铁，电商都应该想办法使手机购物顺畅。

第二，在2013年的"双十一"中，实体店感受到了电商的强力冲击，实体店消费者大量下降的情况让他们印象深刻，因此，2014年双方采取了合作共赢的方式——O2O（线上线下联合）模式。

比如，2014年各个实体店都和天猫等电商合作，打出了"双十一"的广告，以免被消费者忽略，银泰百货率先和天猫合作，用二维码直接扫实体店货物就可以用手机买下。此外，宝岛眼镜、宏图三胞、海尔等300多个品牌3万多家线下实体门店均已加入天猫"双十一"，消费者均在这些品牌店线下门店试衣，"双十一"当天在天猫下单。

第三，天猫"双十一"总部不断变换的数字屏幕展现的则是电商惊人的大数据魅力，只要产生一笔交易，都有相应的数据产生。而这些数据将是未来电商的财富与发展潜力。利用这些数据，电商可以分析出每位消费者的消费路径与习惯，这样，商家未来可以更精准地分析消费者心理与习惯。

这种大数据的应用还体现在物流智能化的发展上，消费者普遍感受到2014年"双十一"的物流速度加快。马云隐居幕后倾力打造的菜鸟智能物流网络，展现了完善的社会化物流协作的结果。为了方便发包，商家提前把货发到配送中心仓库中，库方根据菜鸟网络提前提供的信息进行了预包装。所以在接到订单的第一时间，立刻就能展开行动，发出包裹。

透过2014年"双十一"惊人的交易额和令人眼花缭乱的数字，我们可以看到，移动无线购物、线上线下联合、大数据分析整合应用将是电商未来强势发展的领域与亮点。

因此，电商未来的发展，将更注重通过O2O打通线上线下的服务体系，对现有的O2O模式作进一步的调整、优化，让网购有更好的感受。除了便宜，其他线下的感受，一样会获得尊重。"把顾客宠坏"的理念，对于已经习惯了网络"亲文化"的卖家来说，形成与实现并不难。同时，各种供应链也需要重组，越来越多的生产型企业会学会与客户直接沟通（因为学不会的公司将被狠狠地抛下），客户服务部门的重要性将前所未有地增加。"以客户为中心"的商业文化，将不在仅仅是房地产公司忽悠的广告文案。在未来的"双十一"，网上具体产品的交易，将演变为更多创意与服务的对碰。未来的"双十一"，将会扩散成为释放个性的电商新旅程。这其中为消费者带来的满足感以及商业机会，不一定是天猫一家独有。更多小品牌，小公司，如果能够把握住客户的选择，一样能够获得自己的生存与发展空间。

或许，有一天，"双十一"跟阿里巴巴、跟天猫的关系会淡下去，但是，"双十一"播下的消费体验革命的火种，将会在十亿级别的市场日益壮大。

潜滋暗长的众筹

众筹，译自英语之中的crowdfunding一词，意为大众筹资或群众筹资，香港译作"群众集资"，台湾译作"群众募资"。实际之中的众筹，是指通过互联网方式，用团购+预购的形式，向用户募集项目资金的模式。

众筹在2010年就引入中国，发展至今，乐在其中。

事实上，2014年夏天，演唱会众筹、智能手表众筹、影视众筹、新闻众筹乃至世界杯系列图书的体坛周报众筹等先后出现。众筹拉低了投资的门槛，让普罗大众也能够体会到成为投资人的乐趣，这是一种进步，也是互联网精神的最好体现。例如，在娱乐宝这个产品的众筹之中，一个"屌丝"只需要花几百元，就能成为女神范冰冰的投资人（哪怕是名义上的）。类似地，出资者还能在不同的项目里面扮演着慈善家和VIP客户的角色，文学、音乐、体育、教育、科技、农业，几乎没有什么领域不可以众筹。这种错位效应对于普通人来说增加了特定的生活乐趣。这也是众筹的最基本形态——属于回报类众筹（Reward-based crowd funding）。这类众筹，从目前我国的法律条例而言并无暧昧，也不存在争议之处。因为，这种众筹下的项目，其吸引力并不是以股权或是资金作为出钱者的回报。而在互联网上煞费苦心包装、推介自己的项目的发起人，更不能向支持者许诺任何资金上的收益，他们必须是以实物、服务或者媒体内容等作为出钱者的回报。无论是恩公也罢、豪客也好，或者叫做粉丝，出钱的人对一个项目的支持属于购买行为，而不是投资行为。出钱者可以享受音乐、享受画面，或者享受一本先睹为快的签名版图书，甚至也可以享受自己作为善长仁翁的精神愉悦，就是没有现金收益，也没有其他财务回报。最初美国的一些网站开始众筹项目的时候，都很本分，就是为了卖东西、卖服务。基本都是这类回报类众筹，在国内起初也是。

如果众筹只是局限于此类以实物或者服务作为对资金支持者的回报，那么其中的风险也就比较容易控制。只要不涉及太大型的类似购买房地产或者豪车这样的类别，那么发起者针对个人或者小微企业筹集资金，这类众筹本身的风险就是相当低的——跟你在电子商务网站上买东西的体验差不多。有好有坏，但是基本上都是你能承受的风险。

当然，任何跟融资有关的工具，在中国都能迅速扩散，而且会被极富破坏性地本地化。与本分老实的回报类众筹相比，下一步就是金融性质大大加强的股权类众筹（Equity-based crowd funding）——投资者在互联网上挑选，然后对网站推荐的项目或者公司进行投资，并获得一定比例的股权，坐等股份增值套现获利。简单来说，这种众筹就是投资者用钱买股份。从法理上而言，股权类众筹还是大体可以成立的，因为这时候的互联网平台，只起到帮供需双方对接的中介作用，而不直接与投资资金发生关系，因此可以说对这些互联网平台的风险还是在可控范围之内。现实之中，股权类众筹的网站也是无利不起早，他们会希望在自己撮合成交的项目之中收取一定比例的佣金——这个模式是不是让大家想起易趣（Ebay）？是的，Ebay靠这样收取一笔笔的手续费变成互联网公司巨头。但是，Ebay这个模式在中国被淘宝网打得大败，最后惨淡退出。在实际的运营之中，股权类众筹公司们很快发现自己这样羞羞答答地收取手续费的模式在中国的互联网世界之中并不现实，也很难成为所谓如狼似虎的互联网金融的一个活跃部分。

于是，这个时候，相当多与互联网没什么渊源的主体就陆陆续续地云集到风险巨大、新闻多多的债权类众筹（Lending-based crowd funding）之上。

这类众筹就是投资者通过互联网对项目或公司进行投资，获得其一定比例的债权，未来可以获取利息收益并收回本金。从本质而言，债权类众筹跟传统的债券融资并没有什么区别，只是后者通过银行、证券公司等传统金融机构来发行债券，而前者则是通过互联网平台。这样就进入了所谓的敏感区。因为，在中国，金融行业是准入制的。几十年来，没有许可证的机构不能从事此类业务。

长期以来，跟金融相关的各种"天花板"以及潜规则的存在，即使没有明确的法律规定，外来者也很难在金融领域有大动静。即使是名满天下的温州民间金融，一旦遇到风吹草动，银行收紧贷款，这类灰色借贷也岌岌可危。而刚刚脱离死刑的吴英，则显示出没有官方背书的民间金融是何等脆弱。

然而，现在偏偏出现了个可怕的互联网怪物。近几年来在国内突然涌现的大批的P2P（个人与个人之间的小额借贷）业务就是典型的债权类众筹形式。在P2P行业不断地发展过程中，互联网金融企业等一些新兴的金融企业不仅扮演牵线搭桥的"红娘"角色，而且起到主要操纵资金来源与去向的作用，类似于传统的基金公司投资方式以及银行与信托的资金池业务。说白了，他们直接向出资者收钱，而且不再是"屌丝"们几百上千元的门票钱、玩具钱，常常是各类复杂利益主体几十万、上百万乃至上千万的投资资金。

由于没有对众筹公司各种必要的制度约束，很多公司也没有进行必要的财务公布。其结果是，更多的个人投资者没有对众筹清醒的认识，而只看到收益承诺进行盲目投资，造成不理性资金涌入众筹市场，在令市场繁荣的同时，也埋下很多财务地雷。

面对通过互联网病毒式蔓延牵涉资金数额庞大的债权类众筹市场，现实的监管措施似乎依旧落后。相关法律界人士就介绍，政府对中间账户安全、担保和是否属于非法集资三个方面的监管存在严重的缺失。在当下，只有《合同法》第二十三章第426条中对P2P的收费服务进行了简单的肯定，但是收费标准和资金去向都没有作出具体的规定。在缺少法律作为支撑的前提下，只有通过银监会和央行公布的一些制度进行监管，因此为一些不法企业留下了很大的灰色空间。现在已经出现了上午上线融资，下午就卷款跑路的赤裸裸诈骗事件。未来一年，随着经济不景气，各种项目炸弹会陆续引爆。相关的债权类众筹项目可谓阴霾重重。

显然，第一类的回报类众筹，与第三类的债权类众筹，已经有着巨大差别。对于政府，面对同样的众筹这个名词下的不同风险、不同模式、不同路径的项目，是现实的考验。众筹未来获得可持续发展的关键在于去芜存菁，保留其健康与有序的部分。即使是股权类众筹与债券类众筹，也可以因势利导，使其纳入金融管制体系，实现可持续发展。对于那些以互联网以及众筹为包装的非法集资，亡羊补牢，严格准入制度、完善风险控制体系，是其时也！

在未来，众筹会有哪些发展趋势或者模式，我们不妨来分析一下。

1. 综合型的众筹平台格局待定

从互联网应用上而言，众筹并非是一个很复杂的系统。众筹平台将来会经过多轮的拼杀和竞争后，剩下几家比较强大的。从目前的天使汇、众筹网、大家投等众筹平台来看，谁将会是最终胜者还没有明显的迹象。众筹的核心属性都还没有被统一认识，众筹的核心竞争在哪里恐怕也是未知的，因此现在来预见谁会成为王者还太早了，有待行业的格局演变。

众筹业务的业内竞争，也许不仅仅是在当前这些专业应用平台之间进行，真正是大平台的，还是掌握了用户入口的百度、阿里、腾讯这三家公司，只要哪里有机会，他们一般是不会缺席的。可以预见，未来他们也将是众筹的重要成员，甚至独执牛耳。

2. 垂直众筹前景广阔

众筹面向的是大众，但并不是说人人参与。众筹无论是筹的资金、智慧、资源，都只会掌握在某些人手中，如果不是因为稀缺，又何必要筹集呢？特别是某些专项资金，专门的知识与智慧，独特的资源与贡献，都将会向特定的群体、圈子进行募集。未来众筹的应用领域会五花八门，无所不入，文化创意、影视、音乐、工艺等都可以去众筹，而各行各业都会有自己的门道、思维、视角和商业逻辑，有各自的交流语境和评判标准，所有垂直众筹都要去研究所在行业的独特业务逻辑和业务流程，否则，如果只是一个应用分类，就容易被综合众筹平台所兼并。

3. 微组合机制强强联合

众筹的魅力，很大程度上是可以集合组织起大众来参与的机制与系统（不是指面向大众做营销）。比如，如果一笔融资100万元，需要一个专业投资人完成，那就不需要什么集合组织能力；而如果一笔投入100万元，由100个人联合出资，就需要强大的集合组织机制与系统，来保障权益的平等与监督执行，并且进行职能分工。一笔投入100万元，让成千上万的人来参与，五毛、八块钱都可以参与的话，考验的更是组织机制与系统了。

众筹作为一种股权筹资的形式，最大的优势在于把专业的价值判断、投后管理工作与财务投资工作分开，从而实现分工协作与集合管理。众筹的未来，有机会解决五毛、八块钱的参与和权益确定，就意味着分工更细、集合程度更高、协作性更强，那么未来众筹的形态上会更丰富，当前的众筹（基于互联网）、即将的云筹（基于云计算、云存储、云服务和云资源）、未来的微筹（更小的份额，更微的出资，更广泛的参与），都将各领风骚。

4. 走向服务化

与P2P网贷比较起来，网贷从投资人把款放出去，到把钱收回来，一笔业务才算结束。目前来看，各家众筹平台都是帮着把钱筹到，活儿就结束了。创业项目筹到资，其实只是第一步，如何帮助融到资的创业项目成长，提高创业的成功率，提高投资人收益机会和比率，才是众筹最需要面对的。众筹的流程，从筹资开始，要到退出才结束。正因为这样，股权众筹在本质上就是创业服务。如果众筹平台只是一个帮创业者和投资人对接的信息平台，肯定不会长久。而云筹则可以为众筹项目提供创业服务，走创业服务，帮助众筹项目成长。

作为一个灵活的筹集资金的方式，众筹需要走的路其实还很长，虽然它目前还存在很多漏洞和不成熟的地方，但作为一个"潜力股"，它的未来是值得肯定和期待的。

老微博的新使命

在互联网尤其是移动互联网语境之下，已经推出六年且已经去掉新浪字头的微博显然不年轻了。微博在推出一年之后，就不断有上市的种种消息，只是每一次都因为这样那样的原因而终止。因此，微博终于在2014年4月17日单独分拆上市，引发微博上各种幸存大V的感慨也分外真实。

以美国2014年复活节假期的股市收盘价来计算，脸书（Facebook）：1503亿美元。推特（Twitter）：245亿美元。微博：41亿美元。性质接近的三者的差距显而易见。面对这"小半杯水"，悲观者觉得微博价值实在有限，而乐观者则说，微博看来有很大的上升空间。而两者都同意的一点是，微博还有很长的路可以走。

互联网本身产生了许多新的商业模式，同时，互联网又重新定义了许多传统的商业模式。微博就是中国诞生的这些新的商业模式之中的最突出的一种（虽然明显不是最赚钱的一种）。这里面的各种野蛮冒险有些成功，有些变成笑话。

事实上，由Twitter而来的140个字符只是英文的，比起140个中文字来说，容量更小，表达也更碎片化。这种源自短信限制的简短留言，在很长一段时间让它的使用者感到困惑，互联网都可以看清晰的图片和视频了，这种粗糙的文字简讯还有前景吗？事实也一度如此，Twitter的早期用户发展也非常缓慢，这导致它后来被Facebook长期领先。而国内互联网上的社交网站，经过两三年跌跌撞撞的发展，一些创业网站因为违反相关规定相继关停，在2009年的新浪微博推出来之前，没多少人看好中国的社交网站生意。

不过，撇开种种非理性的情绪来看，对于中国互联网乃至中国社会来说，微博无意中起到巨大的、颠覆性的重构作用，即时通讯、搜索乃至电子商务，都没能如此深刻地推动中国社会的变革——这在许多年之后，都会为人们所反复感慨。

当年声势浩大的全民博客运动未能完成的任务，这次在一群娱乐艺人、网络营销者与财务人员的混合摸索下产生了他们都想不到的结果——早期以内容为主导的网站迅速转向以用户为主导。当微博形成了以单个的人为中心的信息交换机制之后，原本分散的互联网入口一下收紧，互联网的生意规则几乎是几个月之内发生了革命性的变化。缺乏互动与社交的网站，越来越难以发展属于自己的用户，传统的BBS更是远远落后于时代与用户的需要。绝大多数的互联网公司，如果不利用好微博入口，独立业务将变得异常艰难。新浪网催生的新浪微博，迅速超过了母体，成为新希望的所在。微博成为了内容的跨网络入口，是开放的"平台级"应用。微博是内容入口，它粗糙与野蛮的生长，带来了中国互联网社交短暂的黄金时代。

2010年是令人目眩的中国微博年，继新浪开通微博之后，搜狐、网易、腾讯也都相继开通微博服务，人民网、凤凰网、天涯社区等也都开通或者张罗起微博来。连一些流量有限的专业网站也在努力推出自己用户数更为有限的微博——他们无奈地称这是"主流网站"的"标准配置"。一夜之间，"微博"一词成了万应灵丹。但是如果没有微博，就成为业界的"另类""边缘"与"失败者（Loser）"。当年11月的新浪微博大会，连分会场的大屏幕前都人山人海。在那段激情燃烧的岁月里，任何对新浪微博的王者地位的质疑都会被看作不道德与不明智。

诚然，由出生的第一天起，中国式微博就带着深深的营销烙印。微博启动的最初几天，从李开复发微博转述公司职员如何赞美李开复推荐的新书开始，微博的出现显然是不甘寂寞的。各种营销公司苦心经营吸收粉丝的营销号发布的信息，既不是熟人间的寒暄也不是公众话题，按道理，这样的信息会被微博过滤掉，但是，营销用户采用了引诱式的传播，比如有奖转发、有奖关注，这突破了熟人传播、兴趣话题乃至媒体传播的边界。营销用户具有更大的现实利益驱动，微博原本的熟人关系和兴趣关系与此相比不堪一击，营销用户不仅制造信息垃圾也在损害微博关系的价值。为了在泡沫泛滥的环境中有效发布信息，普通用户不得不提高信息发布的频率，或者采取噱头性的标题来吸引注意，普通用户也被拖入垃圾信息制造的阵营之中。数据为微博带来诱惑与陷阱。"2010年，独孤求败的新浪微博在社交的旷野中一路狂奔，在没有参照系的情况下，数据增长是最能说服人的理由，如果只关注用户数量、粉丝数量、发布数量的量化增长，营销动力带来的KPI数据比自然增长更加诱人。"确实，新浪微博是一个缺乏主流价值背景的信息大秀场，用户表达权正在被过度释放，用户净化信息的能力变成了泡沫制造的动力，关系对信息的组织作用大大削弱，微博陷入迷茫，同样，商业化之路也就因为不断出现的失控与管制而变得脆弱。

在微博停滞的时候，它的对手，一个强大得令中国互联网所有巨头都颤栗的微信来了。微信获得的赞美与追捧，迅速追上并且超过了微博，甚至比全盛时期的微博赢得了更多的光环。许多营销用户附带着追风者，快速倒向微信。一时间，微博经历了过山车般的感觉，股价下跌、用户发展减慢，这对于微博来说是沉重的一击。

所幸的是，曾经祸害微博的那些因素迅速蔓延到了微信。本来，微信有着自己的熟人机制过滤。其消息机制的设计，重原创，遏制转发，通过降低信息的流动性提高品质，这种消息机制的设计决定了信息质量更加依赖于关系。但是当具有中国特色的营销号席卷而来的时候，当各种无休止、无原则的争吵大批浮现的时候，微信的管理者同样苦痛不堪。"鸡汤段子"从微博一路风行到微信，"五毛""公知"的吵吵嚷嚷也一路从微博追随到微信，相比于微博的弱关系，强关系的微信机制相对封闭，信息流动性较慢，在关系受到侵蚀时，自洁不足的谣言也容易被放大。

而有趣的是，面对微信这样的强劲对手，微博并没有被击溃，而是找到了自己的特殊定位——社交媒体——这相当于激活了新浪网十几年来的基因优势，相当成功地承接了中国互联网用户对于媒体的集体无意识。上市之前的一个月，由疯狂讨论马航失踪班机到"文章马伊琍周一见"的桃色事件，微博再次无可争辩地占据了话题设定与集体狂欢的第一阵地，让资本市场一窥这个老产品的坚韧生命力。

事实上，社交网站在中国从来就不是微博一家，即使没有微信的时代，也有早就在美国上市的人人网。上市的时候，这家公司给资本市场说的就是中国的Facebook的故事。只是，这个故事只有开头，后面的发展太不传奇了而已。作为仅存的两大巨头，微博与微信面对的是社交的新阶段。粗放发展的时代彻底过去，信息泛滥是社交面临的共同敌人，比较一下微博和微信，微博是面向信息流的服务，微信是面向用户的服务，在未来这场为了健康的"洗粉运动"中注定了它们各自的策略会不相同：微信会侧重强化用户关系，微博则会强化内容组织。下一步，社交将进入多元、精细化发展阶段，进一步分化发展：社交媒体、社交应用、社交服务……

2014年2月，Facebook以190亿美元收购WhatsApp，以收购价计算，WhatsApp每名用户值42.22美元。这是对目前社交媒体一个有真实记录的定价。而根据这个数字计算，微信约3亿用户的估值则是接近千亿元人民币。而其他投资机构对微信则是给出了2 000亿元的估值。不过，对于数以亿计算的互联网用户来说，他们更关心的是产品是否够酷、够炫、更好用，其他的财务数字对他们来说都无意义。作为一家已经历过大起大落的互联网公司，微博未来不应该以赶超其他同行作为目标，而应该发挥自身的社交媒体优势、提供更好的用户体验、扎实发展更多用户，这才是他们把握自己命运的关键。

微博应该在如下方面大力挖掘自己的潜能：

1. 在移动端再次发力

微博成立初期，大屏智能手机在中国还没有大规模普及，微博移动端要开发多个手机适配版本，这也让微博早期实现了快速繁荣，当然也造成了自己在技术和产品研发上的精力分散。而现在已经是全民使用智能手机的时代，小米、华为、联想、三星等知名国内外手机厂商已经将安卓手机推进到了高度普及的阶段，网民在手机端的访问时间更长，微博迎来了对自己移动端产品线进行瘦身优化的新战略期。移动端产品过去有个人电脑端产品的影子，而现在微博产品和技术团队正在进行大量的减法，新版本的微博客户端在个人主页和企业主页方面完全颠覆了过去版本的模式，更轻、更快、更简洁，所以，微博在移动端的二次爆发将是一个渐进式的微博产品自我再造的过程。

2. 商业产品和微博广告逐渐走向成熟

微博的商业产品和广告产品在上市后肩负着提高微博营收能力、未来盈利模式和空间的探索等这些关键战略，上市融资后，在资金充沛的情况下，商业产品团队就可以在大数据、核心广告产品、企业用户产品、商业工具等方面加大研发力度，这样就能大幅提高企业用户的活跃度，让微博广告在pc端和移动端（重点是移动端）的营收能力得到很大的提高。在未来几年中，微博广告有希望像百度广告一样，成为高营收、高利润的互联网广告产品。

3. 扶持中小V和自媒体，完善微博传播链条

过去，大V或草根大号左右或主导舆论的简单放射状传播链条逐步减弱，而基于中小V用户、中等粉丝数的活跃用户形成的长周期、自反馈、自循环、去戾气、更真实自然的内容和品牌传播链条正在构建微博的更健康的社交网络生态，这会给用户带来更好的内容体验，为微博的社交游戏、电子商务及自媒体生态都产生了积极的影响。

4. 政务微博成为亮点

这是微博独特的模式，在此之前，从未有一个社交网络或社交媒体可以让越来越多的政府机构官方入驻和积极互动，这成为政府工作接地气与否的试金石，实时信息流的产品特性，能够快速带来政府的响应机制，从而为政府部门的公关和群众沟通带来了便利和平等。政务微博在中国改革的大时代中前行，也许应该将政务微博运营质量纳入政府宣传部门的考核标准。

微博改变中国，不敢开微博的政府机构不是好的机构，敢于对网民公开和坦诚相待的政府机构是好机构，微博改变着政府机构，也改变着中国人生活共建的参与度。事实上，除了政府机构媒体属性外，机构微博也可以开发更多的接口能力和数据能力，微博办公也许不是太遥远的事情。

5. 台网联动构建跨媒体营销新生态和营收模式

微博实时信息流的快速传播特性在电视台的综艺节目推广方面

起到了至关重要的作用，当年好声音就是靠微博女王姚晨、那英、李玟等艺人微博和各大媒体微博推动起来的，微博特色的社会化媒体营销在电视节目推广和跨媒体营销方面独领风骚。

微博为电视台提供节目反馈和信息回流，提供节目的话题营销的空间，电视台又为微博带入可达三四线的用户覆盖，形成共赢的两代媒体间的互动合作。台网联动的场景中有大量的营销机会，企业和广告主可以根据微博的数据分析进行精准的族群化营销和品牌互动，电视节目赞助商也可以加大微博营销的创新力度和投放规模，有用户参与的品牌互动是台网联动为微博营造的场景营销重要部分。

6. 国内社交媒体第一股的意义

微博上市成功，成为中国上市公司中的社交媒体第一股，这是社交广告和社会化营销走向普及化的标志，在未来的日子里，社交广告和搜索广告将成为互联网广告界并肩的两大广告模式。微博上市会带来社交媒体广告和社会化营销的繁荣，与搜索广告让广告代理大赚不同，微博带来的社交营销繁荣还会带来创意营销的繁荣，微博营销和广告会更加活泼，有更多创意、更多参与。

微博的成功为媒体行业转型提供了良好的生态基础，也让品牌公关与营销变得更加趋向内容营销和创意营销，原生广告将会高速成长，社交广告创意将成为一个有趣的领域。从整个产业界而言，企业的营销广告思维可能跳出过去的线性投放思路，进而转向更加注重社交行为驱动、兴趣驱动、数据驱动的社会化广告的场景投放和参与型投放思路，让企业自身的营销战略更加贴近消费者，更加柔性。

　　从互联网生态角度，微博广告的成长会让企业不过度依赖百度竞价广告，企业增加了一个投放选择，有利于行业生态的健康成长，尤其是为中小企业营销提供了多样化的形式。移动端微博广告的销售应该是微博上市后会重点加强的部分，企业微博营销要转向移动端，跟着消费者的习惯来变化，所以，微博这个中国社交网络第一股的另一个意义就是开启移动广告和中小企业移动营销的大时代。

电商网站 + 线下书店

2015年11月，网络书店当当网宣布将推行开设实体书店计划，预计三年内开到一千家，这是继亚马逊之后第二个推出下线计划的网络书店。

当当网的第一家实体书店位于长沙，占地1 200平方米，并且线上、线下图书价格是相同的。接下来当当网还要开设超市书店、县城书店等多种类型的书店。想当初，网络销售是书店业万人瞩目的"香饽饽"，很多书店纷纷抢着开设线上书店。但是，现在网络书店潮流逆转开起了实体书店，到底意欲何为呢？

这特别有趣，因为线上书店或者网商开实体店的这个议题其实在读书人之间，在出版界已经讨论过很多次了。我本身身份比较特殊，既是写书的，又是书的策划人，也卖书，还是很多个图书榜的制榜人，所以比较了解他们想开书店的心情和情怀，也参与讨论过很多回。现在当当网带头破冰其实是一个好事，这看上去是逆转、倒退，但事实上对当当网来讲这可能是进步。因为现在跟别的电商如京东、天猫等比起来，当当网在垂直方面的份额或者成交量相差甚远。对它来说，真正有价值的还是书店，书除了网上卖还可以网下卖，这对它来讲是很自然的事情。当初当当网为什么不选择网下卖？因为网下书店成本高，效益低，库存、物流以及整个推广体系都没有做好。而它现在线上已经把这些整合完了，有"降维打击"的能力，当当网开的书店跟传统实体书店其实是两样东西。从这个意义上讲，有点像热兵器向冷兵器的反扑。

这几年很多朋友只在影视作品当中逛过书店，因为在网络购书的流行和网络书店的冲击下，不少民营书店都面临倒闭的威胁，甚至有一些实体书店都是论斤来卖书，不是论本来卖了。显然，虽然网络书店开始逆潮流在线下开实体店，但是实体店的行情依旧不太乐观。因为，首先开实体书店的成本高，所有的传统书店除了新华书店，都是在给业主打工。租金基本上占营收的一大半，剩下赚到的钱大概还不够付工资和水、电、工商等一系列费用。以前，好多年轻人创业，女的开花店，男的开书店，结果几个月后就重新老实上班了。传统书店已经走到死胡同，走到一个很艰难的地步。传统书店要生存一定要有差异化的竞争，例如有些品牌书店会24小时营业。而当当网开的实体书店已经不是传统的书店，更像麦当劳和肯德基。麦当劳、肯德基来了，传统小餐馆会被挤掉。从这个形式上讲，当当网的实体书店变成了一种被网络化改变了的实体书店。

说起电商开设实体书店，当当网并不是第一个吃螃蟹的人。2015

年11月3日，全球知名电商亚马逊在美国西雅图开起了第一家实体书店，叫Amazonbooks，现场气氛很热烈，成为了一个购物消费场所。这个书店最大的特色是线上、线下同价，不是线上跟线下价，而是线下跟线上同价，这其实是新实体书店的杀手锏。真正摧毁传统书店的是什么？是网店的销售价格低。同样一本书，读者在传统实体书店里看了这本书，摸了质感，闻到香气，然后把名字记下来上网买。实体书店卖五十块钱，网上六折就变成三十块钱，二十块钱的差价就把人的心从线下带到线上。但现在情况变了，用户在现场摸完、看完，抒发了情怀，还能在现场以网上的价格买到，就不用在网上买了。有时网上购物不是一个很愉快的经历，可能下错单、付款出错、写错发票，尤其是在"双十一""双十二"和"黑色星期五"这种时候，电商购物体验其实并不好。其实真正致命的就是价格，线下的价格与线上一样，而且当场就能买到，不会有任何其他的波折。在这个情况下，实体书店仅仅利用价格这个小小的杠杆就重新把人拉回到线下去了。

亚马逊书店有一些创意也非常新颖，比方说每本书都附有一个评价卡，上面标注了亚马逊网站用户的评分和一段书评。不过亚马逊实体书店开张之后，有网友调侃说"摧毁了这么多书店之后，亚马逊怎么有胆子自己开起一家书店"。虽然是句玩笑，但是作为全球书店的领头羊，亚马逊开实体书店还是让人觉得它之前开网络书店是曲线救国，先来网上跑马圈地，把以前实体书店的客户先拉上来，等到那些实体书店关门之后，它再来开实体书店。

其实，亚马逊的眼光早就超出了书。近期网上不断有争论说，为什么美国没有马云，为什么中国没有贝索斯等。类似这种争论，其实说的还是产业变迁的问题。亚马逊做出版业可能比想象中更霸道，它把产业链给颠覆了。亚马逊在美国直接跟作者签约，帮作者出书，甚至先出网上版本，这直接在美国威胁到了很多出版社的生存。美国的出版商跟出版社是文化保守主义的重镇，他们掌握了不少舆论机构，在他们眼里亚马逊就是一个毒瘤、一个人类文明的破坏者。所以亚马逊为了抗衡它们，为了争夺自己的渠道，开始开设实体书店，因为实体书店几乎全是出版商的坚固联盟。而且亚马逊在美国搞实体书店与在中国也有着不一样的意义。它涉足线下渠道，也是为了把产业链延伸得更长。这对我们来讲可能有很强大的参考意义，中国未来的出版业或者网络电商之间的互搏还会继续。

那么，亚马逊和当当网从网上卖书转变到实体店卖书，他们的书店和普通书店存在什么样的差异，又有什么样独特的魅力呢？

我认为，真正的特色是在现场有数据，比如读者评价系统、评价星级、线上销售量等作为现场陈列布置的参考依据。书里有网购读者的卡片等这类东西能迅速让人有一种在线下进入线上的虚拟感觉，在线下体验到如同在线上一样的选择多元化跟参考。

亚马逊的实体书店也好，当当网的实体书店也好，必然是肯德基、麦当劳式的。而且我们发现有一个很大的问题，所有书店一定是卖畅销书。像《西雅图的天空》电影里面那种小书店，卖一些另类、特别的书，整个城市只有两个人看这种美好故事的情况，在当当网和亚马逊的实体书店一定不可能发生。它们就是卖那些每个人都有的，有些人看了很不愉快，有些人觉得很没意思的但销售量特别大的通俗书。在这种情况下，书店就是一个快餐店，里面90%~95%的选品都是在排行榜上面的，这些书相当于快速消费品，把书店最后一点隐藏的情怀都摧毁掉了。它更像一个超市、一个农贸市场。它会有这个层面上的人情味和这个层面上的欢乐。"哎，你看！TFBOYS最近出了书！你一定要买！"会有这种情调的东西。但是比较装的或者比较端着的东西在这种书店很容易被边缘化，因为那些非主流的图书可能连看都没人看，这也是一个悖论。

现在开书店的"开店成本"相对来讲很低，大概花12个小时能把12平方米的书店开起来。因为图书已经变成代销的，甚至没有钱都可以开一家书店。但是书店的维持成本极高，可能是开店成本的很多倍，因为有租金、人工、损耗等。尤其开了书店以后，你会发现坐这么一天，不要说买，送都送不出去几本，这是完全不一样的心态。而亚马逊不仅有资金，还有营销的方法——通过各种方式进行"导流"。它彻底把书变成了快销品，快销品竞争很激烈，很难做，有情怀的人是做不了快销品的。

不过，一些传统读书人还是更喜欢逛书店，因为书店有一种特有的书香气。有人去书店带着购书的目的，有人就是想进去感受一下，可以说传统书店更像是一种文化符号。但是，传统的实体书店扛不起价格战。它会有机会前景，会变成一种新的业态，也能维持一定的市场份额，但是不太可能有很大的发展。像乡村书店、城镇书店、超市书店等，会成为一个补充，那种书店卖的一定是快销品。对于真正想逛书店、有书香气的人，在亚马逊的书店、在当当网的书店可能会失望。

网络购书又方便又便宜的优势，使传统书店的生存空间本来被挤压得很小。现在亚马逊、当当网要在线下开设书店，价格跟网络购书价格一样。这样的话，传统书店可能会迎来新一轮倒闭潮，只有那些很有个性的书店能够存活下来。例如，我有朋友在长沙开了24小时书店，强调选品。以后的实体书店如果没有突出的特色，卖的东西如果跟当当书店、亚马逊书店一样的话，很快会被他们挤垮，只有不断办活动、不断搞讲座、不断做自己的会员，才能存活下来，并慢慢变成精品，变成奢侈品，真正的精品是有生存空间的。

有人提出疑问，电商开设书店是不是初期成本也会很高，要不停花钱维持下去，才可以让别人没有动摇自己位置的机会？其实，比起它们在互联网上"烧"的钱来讲，实体店的投入比例小很多。电商维持庞大的IT系统、物流系统的成本很高，比我们想象中高得多。它的实体店毕竟是一家一家开，不可能同时开很多，而且开很多也是跟别人合作，是输出品牌，像麦当劳和肯德基，每家店的投入是有限的。

说了这么多，其实对于消费者来说，只要能够买到一本自己喜欢的书，并且能够享受它，就赚到了。不管是从网上买还是从实体书店买，只要阅读得开心就好了。

互联网时代快递企业赶紧上市

最近马云背后的男人似乎都在加快上市的步伐，快递企业扎堆上市。除了已经宣布上市的申通、圆通等，曾经坚称不会为圈钱上市的顺丰也终于松口了，首次公开承认已经启动国内上市流程。有分析说，作为快递行业领头羊，顺丰上市给行业带来的影响将是地震级别的。

那么，此前一直扮演着"不差钱"角色，也宣称不上市的顺丰现在为什么改变主意了呢？其实，这并不稀奇，商业本身就是此一时彼一时的事。我记得以前网上有一个专题就是讲企业家自己打过自己的脸，自己改过自己的话。顺丰也没能免俗。

不过，它现在要想上市比起以前的不上市应该是个进步。大家传统上会觉得顺丰就是一个快递公司或者是个物流公司，事实上过去三年到五年间它有了一个翻天覆地的变化。它的业务已经包括速递、生鲜电商、跨境电商，甚至还有金融支付，还有最新潮的无人机。它的整个业务范围在迅速地扩张。我们现在可以查到的，或者说公开的资料显示，顺丰最近的一次融资是三年前的80亿融资。它要做这些事儿，这80亿肯定是不够的。在这个情况下，与其面对各种价格战，或者同行的压力，还不如赶紧自己融资。因为在现在这个年代不上市只是一个骄傲的姿态，并不代表其他更多的东西，能上也就上了。

不仅仅是顺丰，其他快递公司也纷纷表示要上市。它们的产业链也有那么多纬度布局吗？为什么它们也跟风上市？

快递其实是一个很辛苦的行业，是个很难赚钱的行业。它靠的是密集的劳动力加比较高强度的管理。所有人都是把物流当做一个基础产业，把这个做好了，有了用户，有了数据，跟着做别的。换一句话来说就是，他们过去干得这么苦，就是为了以后不这么干。所以所有的物流企业，不管是顺丰还是顺丰的兄弟们，都不愿意一辈子当马云背后的男人，也想跟马云来竞争一下。对他们来讲，把这个产业链延伸性布局，获取更多的利润，是没有办法的事儿。另外，对他们来讲，这也是一个很有奔头的行业。

只是快递企业的上市之路不会一帆风顺，必然会遇到一些险阻和难题。国内的快递虽然多，但是真正大的也就顺丰、中通、圆通、申通、韵达，对它们来讲，上市确实很苦。比起别的行业，快递企业本来要讲的故事就不多，所以很多快递企业借壳上市。比如2015年12月1日，申通快递100%股权拟作价169亿元借壳艾迪西上市，估值溢价是7.5倍；2016年1月16日，圆通借壳大杨创世，大杨创世以前是做西服的，就是号称自己主动给巴菲特做了一套西服的那个公司。大杨创世的市值很小，把那个壳给了圆通也是对的。除此之外，中通等其他快递企业也在谋划上市。对它们来讲，上市可以解决规模的问题。这一行越是成规模，成本越好控制。但是独立首次公开募股（IPO）的话，它们的财务上确实不太好看，因为快递确实是个很苦的行业，八块、十块钱发一个快递，利润很有限，而且不断有各种不利于它们的新闻出现。所以对它们来讲，借壳上市比独立IPO更好控制，更好操作，而且更能看到效果。

与此同时，有人疑惑，这些多元化经营的快递企业上市成功后，会顾哪头呢？

它们的主业有两个，一个是基本盘，比如说A收购B，B收购比B更小的C。一方面迅速地把规模做大，但是这个是不赚钱的。跟着把这些用户和数据再进行转化，比如说跟别的行业勾兑跨队发展。快递行业的这个生意非常清楚，不复杂也不难理解。所以它对投资者或者对中小股东来讲，吸引力是不大的，但是对于生产者，对于企业或者机构投资者来讲，有一些大的想像空间。比如有一个公司参股了顺丰，以后这家公司跟顺丰就能合作了。而且你买的衣服或者你卖的衣服都可以跟它走，能产生协同效应。它有点像基础的水电煤。所以快递干的是这个行当，想的是这个事。包括它们买飞机也是，不断占通道，把你的通路都占了，所以这个生意其实挺好玩，机构投资愿意入股。它贵一点，或者回报稍微慢一点，但是从业务上能产生互补，与那种纯粹的财务投资相比，操作性和腾挪的空间会大很多。

事实上，如果只在国内发展，快递公司的钱是够的，但是如果要到国际市场去拓展，光是买飞机的钱都不够。这也是不少快递公司的创始人此前不愿意上市，现在又转变了心思的原因之一。比如小米的手机在中国卖，市场饱和了，就去印度等别的地方卖。现在快递企业发现，在中国能做的生意，在全世界都能做，尤其是快递。现在所有的快递都要扩张、壮大，最简单的办法就是靠资本的积累。

国外也有快递公司上市的例子。比如Forwarder在二三十年前就上市了，收费比较高，但利润也比较高。它与运输物流是一样，是平行的一个行业，很稳定，跟我们中国完全不是一个档次。中国的电商发展是全世界没有的，全世界电商加起来可能还不如中国的电商人口多，全世界别的国家的马云背后的女性加起来，都不如中国马云背后的女性加起来多。

有一个说法是，快递企业必须在2017年的上半年之前上市。如果没有实现，将很难保证在市场的地位。即便未来它们再通过资本运作、跨界并购等一些方式上市，也会付出更大的代价。这几句话是说快递企业上市是刻不容缓的，而且必须在2017年的上半年之前，真的有这么严重吗？

这里面存在"囚徒效应"。中国的快递公司中最大的就这五六家，这些快递公司按目前的体量看，谁也打不垮谁。但是谁上市、谁有钱，就能一夜之间在竞争方面压倒对方。所以，大家都赶着往前走。比如六家里面有两家先上市，就能把其他几家"干掉"。就像前些年分众传媒跟聚众传媒的竞争一样，当时两家都在做电梯广告，分众传媒拿了钱，就把聚众传媒收了。包括京东，上市前的最后一轮融资很关键。它上市前最后一轮融资了，跟着就上市了，然后就把竞争对手挤掉了。如果别人拿到那笔钱，别人上了，根本就没有京东。所以对这些快递企业来讲，这就是一个百米冲刺的事，谁先成功上市，谁就抢占了先机。因为这个行业的竞争门槛没那么高，技术壁垒没那么高，就是靠人员、靠规模。时间规定在2017年，是因为现在已经2016年了，上市还得有财务报表，还得融资路演，搞起来至少需要半年、三个季度。这都是看着我们今天的时间表来定的，实际上他们下了一盘明棋。

从快递企业的角度看，谁抢先上市，谁就可以以更强的姿态来抢占市场。但是从消费者的角度来看，快递企业上市能为大家带来什么呢？信息泄露、服务态度差等让消费者不满的现象能改善吗？

这些问题的核心就是管理不善，服务水平不够。为什么呢？萝卜快了不洗泥，大家都顾着扩张规模，抓管理、抓服务的精力自然就少了。它们现在是以活下来、壮大自己为第一位。所以说如果上市，一定是有用的，因为上市公司面临的压力，或者面临的监管是立体的、综合的，肯定比一个民营公司要多、要严。另外，所有的上市公司都面临着市值管理的问题，比如这家公司没有上市，消费者批评它，骂它，甚至曝光它。它无非道歉一下，实在不行就采取鸵鸟政策，躲起来，赔个十块、二十块。但是它上市之后，压力会比以前大，市值和股价都会受到各种因素影响。而这对于投资人、管理人、股东来讲，是最大的阻击，比如说你骂它一万句，不如让它股票跌一半。这就是劳动人民用脚投票的力量。而且从我们的角度来讲，希望它越快上市越好，因为它有了钱，就不至于这么涸泽而渔，不至于透支得这么厉害。有句广东话叫发财立品，有些商界巨子或者彬彬有礼的商界人士，有可能当年就是卖假冒名牌起家的。快递公司如果上市了，纳入了现代企业制的管理，可能会招好的客服、更加有国际视野的管理人，大家都开始穿西装上班了，开始打卡了，开始开发布会，也会请专门的主持人来主持，不会像现在这么山寨。因此我觉得快递公司上市情况还是乐观的，因为一定会有一个淘汰的过程。

快递企业为了生存，不得不打价格战。但是快递企业上市后，企业的生存问题解决了，是不是意味着价格战消失了，快递价格会上涨呢？

的确，价格战会有一定程度的缓和，快递价格也有可能一定程度地上涨，但是不会涨太多。真正典型的快递是怎么做的呢？我本身就开淘宝店的，比如我是卖书的，跟着我还兼做快递。这个快递首先是为自己服务的，跟着再把一些同类的东西承包过来，比如可能是夫妻店或兄弟店。这就是为什么淘宝里面那些快递可以很便宜，甚至能够包邮。如果专门只做快递，就很难做了。其实，电商已经改变了中国的很多商业模式，包括快递的生态其实跟我们想象的不一样。所以基本上所有的分拣点，光靠规模已经不能解决，必须跟产品结合在一起。就跟沃尔玛一样，光靠卖产品，利润很薄，但是它会卖自己贴牌的卫生纸、贴牌的家具，这些的利润是高的。这里面其实有巧妙。在中国，快递只要敢加价，一定会有便宜的出来，所以快递价格不太可能加到哪里去，我觉得这是一个可以预见到的事情。快递公司的一部分利润是靠跟别的行业的整合，也许哪一天你突然听说快递跟航天飞机搞在一起，快递跟金融搞在一起，快递跟娱乐产业搞在一起，这是完全有可能的。

不过，有一些分析也说现在快递行业的发展减缓了。这其实跟电商有关。我三年前出了一本书叫《电子商务创世纪》，里面就说过，电商跟它的衍生行业——最密切相关的快递，都会遇到一个挑战，就是大家对电商的热度或者期望值的降低，电商红利是有规模效应的。

2015年的"双十一"从某种意义上讲已经到了一个巅峰。跟着往下就变成大家要利润、要品质，而不是卖得多、卖得快。从这个角度来讲，快递行业要重新寻找自己的生存空间和盈利模式，上市的还是极少数，大多数上不了市的怎么办，需要好好想想。

现在像阿里巴巴、京东、苏宁云商等，也都在通过自建物流体系的方式来降低对第三方物流企业的依赖。这以后的竞争肯定会愈演愈烈，而且快递行业已经到了洗牌的关键期。因为中国每个行业都有这个问题，一做某件事，大家就迅速地做，而且很多人在很短时间内就把资源都消耗完了，接下来就"拼刺刀"。像自建物流，其实它也是物流的一个方式，让它更好地控制品质，更好地产生协同效应。但是我感觉因为中国实在太大，而且中国的劳动力相对来讲还是便宜。现在买房子也存在"下乡"的问题，一二线城市的房价太高了不愁卖，但是二三线城市的不好卖，三四线城市的更难卖。我觉得以后快递也会有一个"下乡"的过程，进一步下沉。所以类似这种东西可能会有配套的，就等于很多小的房地产公司是当地的，小的快递公司也可以是当地的，把自己的区域市场做好，可能这是另外一个故事。大的就是菜鸟、京东、顺丰这些去玩，就是大有大的竞争，小有小的竞争，这种慢慢还是能形成一个均衡的格局。但是有一点肯定可以放心，就是大家不用担心买东西没人送。

也有分析说，上市不仅仅会解决快递行业很多问题，还会给快递行业带来翻天覆地的变化。其实，翻天覆地更多是指在技术上，因为它的商业模式已经没有太多花样了。所以，未来快递行业可能会变成一个有技术含量，有数据支持的行业，这可能才有价值。

互联网 + 家居业带来的变化

春节之后，一年之中的家居旺季也来临了。对很多朋友来说，装修最郁闷的事情，估计就是理想和现实的差距，比如说看好的装修风格，很难整体复制到自己家中。不过，随着互联网+和家居行业的结合，人们可以通过软件很直观地看到客厅、卧室、厨房等一些场景，一旦看中就可以下单。我看到过一句话，互联网+家居是一个金矿。其实，刨去互联网，家居市场在目前经济环境下也是比较好的行业，比如说2015年官方市场的规模大概是1 500亿元。而2014年国内家居行业总产值已经达到5万亿元，其中家装行业围绕产生的产值是1.2万亿元。事实上，2015年天猫、淘宝、京东三个互联网平台上家装行业的销售额才一千亿元，每次"双十一""双十二"会做很多推荐，即使这样销售额也就一千亿，所以未来增长空间非常大。

现在别的行业产能过剩，遇到饱和，遇到"天花板"，家装跟家居业很可能是目前来讲最现实，对于消费者来讲又能看到效果的一个行业，所以大家都会盯上这块大蛋糕。

不过，消费者线下选家居也有痛点，而且这个痛点已经存在一两个世纪了。自从有了家居行业，在国内外都能听到这样的例子，本来是为了结婚去装修的，结果装完就离婚了，就是说每个人有不同的个性体验。装修又是低频次的事情，一个人一辈子装修次数不会特别多，而且，第一次装，你觉得交了很多学费，结果第二次还有学费，第三次还有，装修这个事情"坑"特别多，环节特别多，信息极度不对称。所以，消费者在家居卖场看见的跟实际的家居不一样，这是很现实的。

还有很多朋友看样板间非常不错，就买了房子，装完之后觉得跟样板间差十万八千里，怎么看怎么别扭，想推倒重来，但是已经花那么多钱了，怎么办，很尴尬。线下选家具，到实体店亲自体验家具，体验感是有，但是沟通成本比较高。

现在随着互联网的发展，不少家居手机软件应运而生，无论是沙发，还是小厨柜，只要是场景当中出现的，手机软件（APP）都会提供产品的信息直接购买，消费者足不出户就可以在家里面拿手机逛家居市场。从消费者的角度讲，家居手机软件简化了购物的过程。消费者要到店里去，还要停车、约人，甚至卖场里还有一些甲醛的味道，整个过程还有好多不同的导购跟着，不会特别愉快。

现在利用移动终端，把这个东西在你的空间里做一个展示，至少会让大家在购物的过程中愉快一点，减少大家选择的压力和对信息不对称的恐惧。比如说场景化的演示可以用3D的效果展示，这可能更加直观一点。比如你可以把沙发放在虚拟的客厅里面，前后左右都会有一些不一样的体验。

当然，现在来看，最理想的是尚在设计中的应用个性化产品推荐。用户把需求输进去，户型怎么样，客厅多大，风格是什么，它可能就会推荐一个给你。而且，不同的家具摆到演示空间里面，可以随便搭配，直到选定为止，非常方便。这对于有选择困难症，或者不喜欢选，或者越看越多，越来越恐惧的消费者来讲，都可以起到调整身心和促进消费的作用。另外，传统家居市场，用户体验度不高，一些所谓的设计师都是销售人员乔妆打扮一下冒充的，结果装修得一塌糊涂。

互联网+和家居业的结合对消费者来说提升了不少体验感，而家居卖场肯定有利益受损跟抱怨。不过对于商家来说，比如生产沙发的，生产柜子的，生产其他东西的商家，则方便了很多。因为，这种模式第一是直销，免除了卖场的成本，甚至免除了大量导购的成本；第二，没有库存压力，顾客下单之后厂家再做这个家具。而传统家居商都要猜，猜消费者今年喜欢什么。厂家以前常年苦于没法直接跟消费者联系，没法直接消费者沟通，这种模式对厂家来说是按需定制，因此互联网+对于他们来讲是一个大好的消息。从这个角度来讲，生产厂家多了一个很弹性的选择。

对于家居卖场而言，目前是损失，长远来讲却不是坏事。未来，家居卖场可能要让利，可能要把现场搞得很好，要搞更好的环境，有更多的烘托，要在线下做到线上做不到的效果，这对他们来说也是一个进步。

可以说，互联网+推动各个行业不同消费链环节的创新，或者说倒逼他们进行不断完善，让消费者的体验感越来越好。淘宝有两样东西卖得最好，一个是衣服，一个是家具。衣服要穿上身，家具要实际摸得着，但为什么好卖呢？十年前，价格渠道加的价很多，衣服出厂的时候是十块钱，卖的时候是一百块钱，而现在淘宝电商只卖二十块钱，要坎掉80%的价格。家具也是一样，它卖出去也是加三四倍的价钱。所以消费者对其价格敏感度很高，这个东西放在家里大点小点无所谓，只要价格便宜，就能推动生态的改变。到现在倒逼到家具生产商已经改变了意识，反而是渠道卖场必须在这个游戏中进行改变才行。

　　在传统家居体验模式的基础上加上互联网技术确实能够优化实体家居业在消费者购买场景中的体验，让大家对家具或者说对装修风格的感受更加深切一些。家居行业先天就适合展示，比如说衣服穿一件、搭配一下就行了，但是家具一定要在一个空间里面，所以线下的体验也好，互联网力量的变革也好，对它都是推动。比如说以前北欧的极简风格，风格很简洁。但是它适合一些小资家庭，或者说刚刚成家的人。还有现在有些场景体验给你呈现整体生活方式，包括橱柜、衣柜，还有的就借鉴其他电器的思路搞服务，比如给你的房间进行定制，让你无缝连接，让你空间用得更顺手。还有开发商讲的每个房子的门把手都有三十几款，每个都有故事。类似来讲，这里面的场景体验的模式就会有特别多的发展路线，特别适合创意发挥，并且消费者愿意买单。现在在中国很难找到一些有消费者愿意买单的行业了，家具在这方面反而有良性循环，在别的行业没有这么突出，家居在利用互联网之后确实有成熟效应。

　　以前，普通老百姓对家居设计很陌生，要专门请个设计师来弄，觉得家居设计师是很了不起的职业。但如果有这样一个软件，我们就可以变成自己的设计师，对自己的房间根据图形添加不同的家具进行整合，可以省很大一笔费用，把这个成本放到买家居上面去，这样对消费者来说又是一大利好。

举个例子，时装行业是怎么来的。时装行业的历史有将近一个世纪，时装行业只有一个版型，这样就可以把个性化的定制变成大批量生产。其实，每个人体型不一样，所以版型只是一个大的接近而已，具体来说微调。

现在互联网家装也是这样，几种风格、几十种风格或者几百种风格，都不一样。关键是用软件能生成，相当于提供了时装里面的版型，减少了消费者的选择成本跟选择困难。消费者至少有一个最安全的选择，至少知道最坏的效果会是怎么样。所以互联网也好，家居业也好，利用这个工具有可能成为家装现代化、跟上移动互联网时代的关键一步，消费者也能得到实惠。

不过，在互联网结合过程中，互联网家居也会面临很多挑战。以前家居业传统的生产经验已经跟不上消费者的需求。消费者的眼界开了，信息对称了，知道哪些东西要，哪些东西不要。他会提出更高的要求，包括生产商、渠道商对科技化手段的应用、对客户大数据的应用、对客户服务体系的跟上。

例如，我前两年装修房子，选择的那家家具企业互联网化已经搞得不错，但是给我家装修时前前后后来了七次，它总会有一些小问题没有想到，没有解决到。比如有时候门缝差了一厘米，这个门开了，那个门开不了，那个门开了，这个开不了。会有很多这种问题，而且这种问题又是以前没有遇到的，因为户型不同。所以生产商、渠道商要迅速跟上互联网化的步伐，要走得比顾客更远。不能说顾客发现问题再倒逼，这样的话就会输给竞争对手。如果消费者不满意，也会自己进行组合，可能用A家的设计方案、B家的安装、C家的售后服务。这样的话也会有一个新的玩法出现。

除上面说的这些以外，未来互联网和家居会与人们的健康或者生活习惯更加相关。以前有一种说法叫物联网，其实我觉得更准确的是叫人联网，连接是人的信息。好多所谓智能家居就是在家里不用拉，而是用手一按就能够开窗帘，但这种不叫智能家居，叫自动家居。所谓智能必须有互动信息，以后沙发用到一定的使用年限会有信息给你，你是换掉还是卖掉，会有类似的感应器这种功能，让你用得更舒服，让整个家变成一个机器人，或者有一个人工智能能跟你互动，关键能给你信息，像卫生间里面的一些信息，也会成为你是否健康的指标。这样住起来会比较舒服，用起来也会比较好。可能以后还有衣柜、衣服生成功能，每天早晨起来按照你的设计，给出你想要的衣服，或者你不用洗，放回去就清洁了。

互联网家居未来的前景非常乐观，也是值得我们期待的。但互联网和家居行业也需要慢慢的磨合，可能磨合过程当中也会有或多或少的小痛苦。我们希望它们带来化学反应，超出我们普通消费者的期待和预料，就是比我们想象的还要科技智能化，和给我们带来更多的便捷。

互联网 + 婚恋：世纪佳缘牵手百合网

2015年可以称得上是中国互联网企业合并的一个大年，比如说滴滴和快的，58同城和赶集，美团和点评，携程和去哪儿等。在资本神奇的魔法之下，从相杀的对手到亲密队友，似乎一个晚上足矣。这股合体旋风随后也侵袭到了婚恋市场。

2016年5月13日，世纪佳缘公布了2015年年报，这将是它在纳斯达克的最后一次财报发布了。5月13日（美国时间）收市起暂停其美国存托股份（ADS）在纳斯达克全球精选市场的交易，直白地说，它将退出纳斯达克，回归国内。

自从2011年在纳斯达克上市以来，世纪佳缘保持了连续18个季度净收入同比两位数或以上的增长。2015年，世纪佳缘净收入7.136亿元，同比增长16.2%，稳占互联网婚恋市场第一的位置。相比较营收，它在净利润方面的表现更值得关注——按照美国会计标准，全年盈利5 140万，同比增长73.1%。它的ARPU值为23.6元，同比增长了4.4%，平均每月活跃用户数为530万，截至2015年年底总注册用户超过1.6亿。 2013年开始，世纪佳缘开始了它的O2O探索，业务全面转型，战略中心是"1对1红娘服务"，2014年该业务收入1.646亿，占公司总收入的26.8%，2015年，这一收入增长了58.8%，占比上升到36.6%，达2.615亿元。目前，世纪佳缘的红娘服务中心覆盖全国75个城市，一共106家。

这一系列数据看上去非常好看，但是目前世纪佳缘并没有一个核心人掌舵。现在的执行者并不能给公司带来更加明确的未来，并且在婚恋网站市场，美国人的思维方式和中国人不一样。所以有分析解释说，中概股在美股市场过得并不好。的确，目前来讲，中国概念股整体在美国的市盈率都不高，而且婚恋概念在里面更是边缘化，市盈率很低。

2015年12月7日，世纪佳缘与LoveWorld Inc.及其全资子公司FutureWorld Inc.达成了合并协议与计划。2016年5月14日，这一计划完成，世纪佳缘成为母公司的全资子公司。而LoveWorld Inc.是2015年挂牌新三板的百合网全资子公司。

表面上看，新三板的行业老二百合网并购了退出纳斯达克的行业老大世纪佳缘。其实不然，这只是一个过渡——准确地说，是世纪佳缘与百合网将重新组建一家新的公司，两家公司合并，不是"收购"。 LoveWorld Inc.国内映射公司为天津百合时代，百合网拥有100%股权，2016年3月9日，百合董事会审议通过公司将天津百合时代的100%股权转让给公司参股的天津幸福时代企业管理有限公司——这家公司，百合网持股28%。

天津幸福时代企业管理有限公司，成立于2016年2月25日，除百合网持有的28%股权外，剩余的72%股份，将会在接下来的时间重新调整，一一映射成世纪佳缘以及其他投资人的股权。只是两家公司合并后，股权结构如何，尚未知晓。可以确定的是，这是"合并"，而非"并购"。

2014年互联网婚恋网交友服务提供商收入规模排名当中，世纪佳缘、百合网、有缘股份、真爱网的市场份额分别是27.6%、15.3%、14.9%、14.2%。世纪佳缘和百合网合并之后要占据大概40%的市场份额。双方的这次合并，一是可以抱团取暖，增强实力，为以后的市场洗牌做好准备；二是两个网站的业务结构太相似，从行业整体上来看，这是一种资源上的分散。这两家的打法和风格很像，其他小一点的婚恋网站与他们是错位竞争，所以这两家合并是其他婚恋网站完全代替不了的。从某种意义上讲，他们的玩法跟其他竞争对手已经拉开了距离。

目前，全世界的婚恋市场没有一个特别清晰的模式。韩国的婚恋网站可能有熟人社交的成分，而日本婚恋网站是不能收钱的。好像在别的国家线下婚恋店又特别发达，跟我们的房地产中介店一样。整个市场都没有一定之规，全世界也在看这两家的合并。

事实上，世纪佳缘和百合网合并之后，或者它们俩形式上合并、股份合并之后，两家都会存在，不像其他网站合并两个剩一家，比如优酷、土豆剩一个。而且，他们还会有更多空间，像携程和去哪儿，两边都会继续留下来，两边的客户、服务都会延续。

世纪佳缘和百合网合并后，会员原来是哪家的还是哪家的，只不过收费的服务后台会打通，数据会更多。这次整合更多是两家对自己业务的整合，等于两家网站不用互相竞争了，而且信息还共享，这确实有1+1大于2的效果。

另外，世纪佳缘与百合网的合并，促成了2016年中概股私有化回归第一案例。世纪佳缘与百合网的合并，百合网的价值在"名"或"表"，是新三板挂牌的壳；世纪佳缘的价值是"实"或"里"，是优良资产与良好的财务表现。在线婚恋市场的行业老大与老二的合并，就是抢占先机，让新公司变得"名符其实"。世纪佳缘让新三板的百合网更为充实，百合网让退市的世纪佳缘抢占时间窗口，更早上市交易。这就好比恋爱的男女，欢喜冤家，执子之手，互为依靠。

正如婚姻需要的不只是爱情一样，需要在一起过日子。世纪佳缘和百合网合并之后，还会面临一些问题，而且面临的问题和挑战很大。它们面对的是移动互联网时代，原来的婚恋方式在改变，原来的人群在改变，事实上大家说是不是熟人社交、情景社交会被替代。在我看来，它们真正面临的不是别人，而是它们自己。所以它们准备开线下店，会有更多的保护客户隐私、改善客户体验等一系列做法。

从这些条件来讲，它们现在是在一个很好的市场，要做的是战胜自己，不用担心其他对手的竞争。因为很简单，熟人婚恋市场其实是不成立的。一个人认识一百个朋友已经很多了，但是陌生人，大数据一天可以推一千个，一千个选一个，选中概率肯定比一百个熟人要高。而且，它会给顾客做筛选，顾客自己有一百个熟人，而它在陌生人里面找最匹配的一百个，当然这还有挑选的技术在里面。它们也在做大数据，在做个人用户图谱的描写。这个东西要做好、做到有效果，还是个很大的挑战。

有人担心，这两家合并，客户资源共享，会造成一些客户资料泄露之类的问题。其实，这种担心不太必要。现在包括在电商上，客户所有的个人信息，除了婚恋情况，其他所有都能被看见。大公司还会根据客户不同的购物行为，推断出客户是什么样的人、收入情况等。

在现在的时代和科技高速发展之下，隐私已经不再是隐私了。因为大数据扫描一个人可以达到95%的准确性。所以你注不注册，没有太大的区别，这不是一个网站的事情，是整体互联网安全都要重视的问题。

联姻对于这两家来讲是必须要走的一步，再不走就来不及了。而走了这步之后它们面对的是自己的问题。它们如果在一到两年的时间里转型得快、跑得快，可能就能够过这个关；如果跑不快，可能会被其他网站赶上。究竟未来的婚恋网站市场会怎样，我们只能拭目以待。

互联网＋运动服装：李宁需要"吴秀波化"

智能穿戴早就已经进入我们的生活，从手表到眼镜，确实给生活带来了很多方便。2015年7月，李宁联合小米生态链子公司华米科技，正式推出了两款智能跑鞋。作为国产运动鞋服传统品牌的李宁推出新款跑鞋本不是新闻，但这次发布的两款跑鞋却颠覆了李宁公司以往的产品，穿上这种鞋跑步，人们能够获得自己在运动时的相关数据。

其实，不管是李宁公司发布的这两款智能跑鞋，还是其他以前出现过的智能跑鞋，都有两个功能，一个是在鞋里面置入的芯片能采集跑步数据，另一个是它能够用自己所谓专业的数据算法进行计算。一个是监测，一个是计算。智能跑鞋会采集跑步的距离、速度、路线、卡路里消耗，包括前后脚掌落地状态分析，会产生一系列的数据，然后通过独特的算法计算，报告到小米的APP，使用者就能够看到。这其实就是一个监察、分析、反馈的机制。所以，很多跑步的人穿上它会有一个比较新奇的感觉——毕竟是一个会把自己的东西变得可视化、数据化的产品。

以往，一提到智能穿戴产品，人们往往觉得它很高大上，价格肯定不便宜。但是这次李宁发布的两款智能跑鞋，最贵也还不到400元。所以有些朋友心里犯嘀咕，价格这么便宜，质量有没有保证呢？

实际上，这个低价位跟李宁、小米这样的公司有关，尤其小米是做生态链的，跟合作方谈的条件比较苛刻。比如产品原来卖九百元，小米跟它合作，小米参股、雷军给它在微博上推广、挂小米的品牌，但原来卖900元的产品现在要卖190元，好多人谈不妥，当场被吓跑了。因为小米在价格上切一刀，压成本甚至压到肉里的章法确实很厉害。从某种意义上讲，李宁跟小米合作，我们甚至怀疑，本来李宁的鞋就是这个价格，它只是加了一个芯片。成本方面，它可能量产，100万、200万双把成本摊薄了。另外，可能小米的生态链有一些补贴在这里面。因为小米已经估值有四五百亿美元了，每双鞋补贴一二十元也补得起。从这个角度讲，价格便宜倒不影响鞋的品质，因为有一些隐含的补贴在里面。

李宁作为中国最为知名的本土品牌之一，这两年交出的答卷并不让人满意。公开财报显示，李宁公司2014年净亏损达到7.8亿元，这已经是公司连续三年亏损。2014年上半年，就在其他多家运动品牌净利润表现出现好转的时候，李宁公司依然巨亏。为什么？

李宁公司其实是经济结构调整中受到巨大冲击的牺牲品。李宁曾经是耐克和阿迪达斯之外的第三大体育用品品牌,在国内是第一大品牌,它在2008年也就是李宁参加奥运会开幕式的那年达到了全盛高峰。但是那一年它开始换标。李宁公司的整个经营方式落后于这个时代,比如它对人口红利的判断、对年轻化的把握都有问题。它本身体量就大,调整起来压力也大,结果所有的体育用品,比如鞋、袜、衣服等库存都很多。亏损就是因为库存太多,库存太多就是因为对消费者的趋势和偏好的判断出了问题。某种意义上就跟普通女装、男装一样,大量的库存让它一直亏,转身特别难。像别的小品牌,可能以前只有它市值的几分之一,转型很快,没有那么大的负担。而且李宁有很多实体店,实体店多,压力也很大。所以李宁公司的日子不好过,所有的坏事它都遇上了,包括它的团队,以前找的都是香港、台湾地区的投资者以及新加坡等地的海外华人。这批海外华人从来没有做过10亿人的华人市场,他们年纪很大,经验都是城市的经验。李宁也比较好说话,给了他们很大的授权,结果换一批不行,再换一批还不行,换了三批都不行,最后李宁亲自上阵。从目前看,亏损有所收窄,但是毕竟"败军之将,难以言勇",长期以来积累的很多问题还要慢慢消化。

老话说"穷则思变",李宁公司正在遭遇业绩连续下滑的挑战,所以宣布推出智能跑鞋也不足为奇。李宁在很多科技公司当中选择小米公司来合作,真的是煞费苦心。但是,李宁和小米的强强联手是否能够帮助李宁公司扭转下滑的业绩,有点取决于运气成分,不过从目前的方式来看是对的。比如这次的两款智能跑鞋,采取的是O2O的办法,就很好地解决了库存的问题。先订然后再出产品,这样好控制整个成本,不至于再出现以前那样"生产100个,只能卖50件，剩下50件送都没人要"的情况。另外，小米在智能硬件方面有一个开放式的思维，但又有攻击性很强的行为，一般的小公司、小品牌受不住这么强大的压力。李宁亏损了三年，总共亏了二十多亿，市值七八十亿，不见了一大半。这个公司最坏的事情已经发生过了，小米给它带来的冲击用广东话讲就是"洒洒水"，所以它反而愿意跟小米玩，哪怕三刀六洞，再激烈的方案，它可能都会配合。事实上，李宁进军智能运动这一块的决心也很大。虽然我跟这家公司没有商业合作，但是我跟李宁私下接触很多，他是很谦和的人，而且骨子里特别爱运动。之前我跟他开玩笑，"你的广告不要找某某运动员，看上去比较朴实，没有明星相。"但是他说他就喜欢跟运动员在一起。所以他对运动或者对智能运动的专注，应该是回到了他最喜欢、最热爱的事情上。怕就怕这个，他只要喜欢这个事情，投入资源去做，总比再继续做衣服、库存堆积如山要好。李宁公布这个合作的当天股价涨了，之后7月15日李宁的股价也微涨了一些。香港市场最近也是兵荒马乱，特别像体育用品，已经毫无新鲜感。所以我觉得，它还能有一点儿变化，说明资本市场对这个事情还有一点点期望值，就是有曙光，但能不能做成还是看它的运气。

　　小米有自己的APP，有上千万的活跃用户，能够为李宁智能跑鞋在社交化互动体验方面发发力。小米的一些消费群体，也可以为李宁带来一些潜在的用户、潜在的消费动力。小米用户是很活跃的社交群体，李宁则还不懂怎么样与年轻人对话，正好互补。李宁给硬件，小米给软件，一个负责牛一个负责慢，加起来就是"慢牛"。所以这个组合还行，互补很明显：小米懂的事，李宁这个品牌一定不会懂，而李宁懂的事，小米不会干。这种组合我觉得反而有趣。

有人担心，这次李宁和小米联手推出的低价跑鞋，号称媲美千元级的跑鞋，产品听起来貌似无可挑剔，但是产品有没有市场呢？

关于这个问题，我讲一个故事，两个卖鞋的商人到非洲去，非洲是没人穿鞋的，乐观的人觉得市场很大，悲观的人觉得很绝望。现在穿戴智能设备市场的现状是，苹果的手表好一些，而其他各类手环也就是百万级的销售，而且用起来的效果不是很好，消费者还没有特别接受这个东西，但是鞋子会好一些。我们以前开玩笑，有人问神父说："我祈祷时抽烟行不行？"神父说："肯定不行。"另外一个人说："我抽烟的时候能祈祷吗？"神父说："还不错。"现在的情况就是这样，专门一个智能设计，让它加上一双鞋子，大家会觉得很怪，但是本身就是一双鞋，然后附带一个智能的东西，大家接受起来会容易得多。这个小小的转换对于中国的消费者来讲是很重要的。因为中国的消费者是全世界最"傲娇"的消费者，大家对性价比极敏感，而且可供大家挑选的产品特别多。在这种情况下，谁先做智能跑鞋，谁就能够在市场上做到快、占有率高、编的故事多，可能就会有一个比较大的、推动这个市场的作用。

其实耐克、阿迪达斯也做过智能跑鞋，但是销售不佳，前面销售的放芯片的牌子已经不做了，另外一个也在断货，这是为什么呢？其实，这不是说明它们对硬件产品不看好，而是说明它们不擅长。为什么不擅长？因为它们缺乏像小米这样花钱来"烧"市场的行为。很多外资的互联网公司在中国都惨败，中国的互联网公司它们都看不上，觉得不靠谱、看不懂，可最终它们都被本土的互联网巨头打败了。从这个意义上讲，外面的经验对中国智能跑鞋不会有特别大的参考作用。它做成了，不一定说明中国能成，它做不成，不一定说明中国也做不成。从这个角度来讲，我比较看好这个市场。

关于智能鞋子，有人问，有多少人会低下头，或者是在脱鞋的那一刻，从中去提取一些数字进行分析呢？有没有必要？

实际上，这个事已经变成很傻瓜化的了。它就是一个APP，最后都是在手机终端上看，基本上不用看鞋子。对它们来讲，就是一个APP显示你今天走了多少路，一个手环能做到这个事，鞋子也能做到。

现在市场上的智能设备很多，没法判断它到底有多准确，所以就看谁做得好，谁做的客户体验好。这些东西的成本都不高，比如手环是一两百块钱一个，鞋也是几百块钱一双，价格不太会成为干扰。但是功能怎么样，用起来是不是舒服，APP是不是好玩很重要。另外，我觉得它以后甚至会有娱乐功能和其他功能，它变成年轻人的一个时尚用品，这样的可能性更大。因为仅仅打健康牌是不够的，它所有的健康功能都是辅助性的。

跟国际大牌耐克等在智能跑鞋上的布局相比，李宁公司发力较晚，但是比较有针对性，比如价格比较低。在这种情况下，李宁公司能够后来居上吗？

其实，这不太取决于李宁公司，而取决于中国的消费者。李宁已经很久没有惊喜给大家了，大家会觉得它是一个大叔品牌，而且是比吴秀波还老的那种大叔，又不帅。但是吴秀波看上去比较时尚一点，所以李宁公司现在干的事情就是把李宁"吴秀波化"。这个方向是对的，这个节奏也对，但是大家能不能接受，就取决于它推广的时候能不能触动消费者。这里面有运气的成分，也有操作的成分，所以要看它真正推行时候的具体玩法。因为李宁的智能跑鞋从性价比和功能来讲都是可以接受的，至少是不错的东西。

那么，李宁公司应该从哪些方面来着手提升业绩呢？我认为，应该找新的产品，包括智能化、智能穿戴，鞋也好、衣服也好，还有其他东西都是可以做的。还要研究消费者的特点，消费者喜欢什么东西，他们真正需要什么，要有一个排序，集中资源去做这个事，而不是通过把自己变成一个跨国公司，用各种管理、层级这种可能已经落后于时代的方法去做。还是要回到产品本身，要回到一个年轻的公司，回到一个创业的公司，把以前的包袱丢掉，把以前成功的经验都忘掉，重新当作自己什么都不懂。

说完李宁，我们再说小米公司，这次李宁公司选择它作为自己的合作伙伴。现在流行跨界，跟专业人合作，做自己不专业的事情，从中分得一杯羹。这在将来会是一种趋势，小米这么做，360也在这么做，包括BAT都在这么做，但是它们不指望这个东西赚钱。就跟帝国版图一样，要把这个地方扩张，所谓此消彼长，你占领了这块市场，这个市场挂着你的旗号，对对手就是一个挤压。大的互联网公司还是在做这种分割、侵占。所以对传统公司来讲这是一个好的机会。

新玩意 3D 打印怎么玩？

说到3D打印，有些朋友非常熟悉，日常生活中普通打印机可以打印电脑设计的平面物体，3D打印机则能打印出立体实物，打印机器人、玩具车之类的东西都不再是梦想。2015年7月，中东阿联酋的迪拜宣布利用3D打印建一个楼房，听起来不可思议。有人感慨"3D打印竟然已经离我这么近了"。媒体报道说，3D打印的作品一般都是不太大的物件，印象当中汽车算是3D打印作品中体型比较大的，而现在迪拜挑战3D打印作品体型记录了。

很多人质疑，用两米高的3D打印设备建造的楼房安全吗？事实上是安全的。因为所谓的3D打印办公楼是按照图纸设计来进行的，所谓的打印就是生产和施工，像我们做蛋糕的时候要挤奶油挤出花来一样。办公楼的打印材料是混凝土、石膏和塑料，这个是很坚固的。房子的建筑在全世界有几百年的历史，如何设计一个房子使它结构稳定、安全，现在都已经不在话下。3D打印的特色在于它很贵，找进城务工人员盖一个钢筋混凝土的房子的成本比这个低很多。所以迪拜盖3D打印办公楼是一个烧钱的事儿。

理论上，3D打印的楼是一体成型的建筑物，假如图纸设计完美，会比我们手工拼装的房子要更好些。像车一样，一次性成型的大车总比拼起来的更安全。从这个角度来讲，3D打印倒是一分钱一分货，贵有贵的道理。

这样说来，是不是一些地震高发区的建筑可以用3D打印去做呢？地震高发区可能有一两个建筑以3D打印作为象征性的标志符号，大量的学校、民居住房还是不要用这个，成本太高，比一般的贵很多倍。

现在，3D打印技术刚刚开始渗透进我们的生活，但它是所谓3D打印里面最低端、最基本的应用。打印一个人偶、一个娃娃，是比较初级的，而且技术难度不高，成本也低。但是这跟打印一个建筑物出来的成本与效果都差很远，像我们国内已经有3D打印建筑，世界各地也有3D打印房屋的设计比赛，这些东西都不错、挺好用。而且它可能在性能上、环保上还有舒适程度上，都比拼装的强一点。但还是那句话，太贵。打印一个人偶，在商场里面要价几十块钱、几百块钱是可以的，如果要价几千块钱大家就都跑了。

目前来讲，3D打印技术在医疗方面用得最多。2014年8月，北京大学团队成功为一个12岁男孩植入了3D打印脊椎，这是全球首例。照这样，以后换一个牙齿，这个牙齿可能就是3D打印技术打印出来的。医疗对3D印刷技术的需要特别清晰，牙齿、脊椎类似这样的东西本身不复杂，就是需要材料过硬、耐腐蚀，这恰恰是3D打印的长处。在医疗健身方面，大家愿意支付费用，花钱治病，花钱买健康，花钱买器官，大家掏钱买这些东西比买人偶要痛快得多。在这个角度上，医疗是3D打印很大的突破口，或者是一个很大的亮点。

3D打印将来的发展空间非常大。据了解，为了让学生了解前沿科技，很多大学还开设了3D打印课程，让学生在课堂上进行艺术创作，进行3D打印、打模、上色的一些操作，非常与时俱进。我相信这个专业将来很可能会变成热门。

目前，3D打印在全球的发展已经有了绝对性的突破。美国海军用3D打印制造舰艇的零件，航空航天领域也有一些零件使用3D技术制作，电动车也开始有这样的尝试。这些东西都是以前想都不敢想的。前一阵子都在讲工业4.0，3D打印技术在某种意义上是工业革命的一种，是更小批量、更精准、按需定制、按设定制的东西。目前来讲，这个市场的前景也非常好。因为有一个最有利的事情是，3D打印只要设计出来，就能做出来，很多情况下它变成了一个创意、设计的活儿。很多学生要学到这个创意，学习利用3D打印进行产品设计，能够所见即所得。这对于未来我们的生活和工作方式都会带来一个很大的改变。很可能一个3D打印工程师坐在家里设计，把所有的信息输送到生产车间，车间就开始生产。像哆啦A梦里面的神奇道具一样，想打印什么就能够打印什么。比如，将来女性朋友起床后随便想穿什么样的衣服，脑子里面有一个图案，衣服就可以打印出来。不过，这会直接影响服装产业，服装生产可能会变成个性化、按需生产的。当然，可能设计不好看，打印出来不合适的可以不穿。更传奇的是，白天穿完的，晚上放回去就可以降解，第二天还能打印全新的。这可能就圆了都市女性多年来的一个梦，每个女性都觉得衣橱里缺一件衣服，现在每天早晨可以挑。

现在我们在想这些3D打印技术的时候，可以天马行空地去幻想或者想象。在十年前去说3D这种技术，别人会说你一定是疯了。现在确确实实只有你想不到的，没有做不到的。拿出手机随身拍，通过网络连接3D打印机就可以打印实物，这不是梦，不是科幻电影对未来的想象，而是我们身边正在发生着的3D打印带来的制造业技术革命。大家可能没有想到，3D打印技术其实已经诞生30年了，第一代3D打印机诞生于20世纪80年代的中后期，是以打印模型为主。但十年前很多朋友还不了解这个东西，最近几年3D打印技术才为大家所熟知，而且发展非常好。为什么3D打印不早也不晚，偏偏这个时候井喷发展呢？

3D打印跟电脑基本上是同时发展的，电脑发展加速，3D打印也发展加速。因为3D打印的核心在于机器数据的运算，这不是光靠人解决的。我们传统制造业需要模具，一个手机的模具，一个苹果6的模具，本身很值钱，有很巨大的成本。而3D打印不需要模具也能生产，本身有大数据处理的能力。以前为什么慢？第一，电脑数据处理能力跟不上，同时还没有那么多的数据。第二，很现实的的问题是3D打印跟电脑比多了一个东西，它要有原料。塑料、树脂、金属这些都是原料，这些原料如何变成3D打印的东西，相关的技术开发需要比较长的时间。第三，价格很贵，3D打印打成小的手枪，85万美元一支，实际上买一支手枪只要850美元，可能差了一千倍，所以3D打印产生不了规模效应。第四，打一个东西出来，知识产权该怎么解决？这是法律现在还需要摸索的东西。这项技术的应用里面还有很多问题,这些问题让3D打印技术以前一直发展比较慢,现在技术发展太快,大家反而无所谓,先试了再说,有一个足够大的商业应用,能解决我们刚刚说的很多问题。

当然,将来会有一些部门来进行监管,比如说什么样的东西是可以打印的,什么东西不可以打印,或者将来哪些东西要进行审核或者申报才可以打印。像刚刚说的手枪,不是随便每个国家、每个人都可以打印出来玩的,没有打印的时候也不能随便拿一个手枪在家里放着。所谓"道高一尺,魔高一丈",所有的技术发明都会带来对原有社会秩序和社会规则的颠覆与突破。3D打印目前争议这么大,就是因为它的很多东西处在边缘,包括对器官的应用是不是符合医学的伦理、符不符合人类社会的标准,这些都有一个很激烈的争论。

还有一些不法分子利用3D打印做违法的事情,比如说他们会利用3D打印技术打印一些钞票。钞票本来就是传统模具里面高精尖的技术,3D打印很可能就替代了这个技术。我们看电影里面的情节,为了争夺钞票的模版搞得鸡飞狗跳,可能有3D打印技术就能解决这个问题。当然,这也需要更多的开发,在仿伪上也会有相应的对策,于是就能不断循环下去,把这项技术继续推向更深入的层次。

还可能有人在想,3D打印可以打印骨骼、牙齿这些器官,那直接打印一个人出来好了,这样就会陷入到混乱当中。这是一个伦理上的冲突,它能打印一个人,但是这个人没有思想。最可怕的是,可能打印出来一个机器人,既有很灵活的身体,又有高度发达的人工大脑,这可能是人类的大杀器。像有部科幻小说写的,苹果和谷歌制造出来的机器人统治了全世界。3D打印在这一块一定会引起很多争议，因为它不仅替代现有的问题，而且可以制造出现在没有的问题，打印出大家没有想象到的东西，像打开潘多拉的盒子一样，很可怕。

但是，就像人工智能一样，这些问题一定有办法解决，因为3D打印确实有用，而且解决了很多我们现在没有办法解决的问题。剩下的问题就是怎么让它理性有序地纳入现成的游戏规则中。

电商上市冲击波

　　2014年是中国农历的马年，这一年，中国的电商公司也如一匹奔腾的千里马，跑出了刺激和精彩。中国的大型电商公司上市，成为普罗大众所关注的重要话题。两大电商巨头——京东和阿里巴巴先后分别赴美上市，激起了资本市场的层层热浪，让华尔街和世界资本市场为之震惊，为之喝彩，他们共同谱写了中国公司的传奇。

京东上市：难做的好生意

　　京东在农历的大年三十（2014年1月30日）向美国证券交易委员会提交了IPO招股书，正月过去后，IPO进展扑朔迷离，尤其是一再传出邀约内地几大互联网巨头作为基石投资者站台背书，则是情理之中。

大半年前，京东创办人与实际控制人刘强东就去了美国，虽然公关口径是说去留学，但是正常的商人都知道，他在美国，应该是忙上市这头等大事。毕竟电子商务概念过去一两年在中国市场的反应不算太好，除了做平台的淘宝一家独大之外，其他B2C一类的电商都活得不太好。即使是上市后的当当网与唯品会，总规模与影响力也有限。这时候冲锋陷阵IPO，有点像是京东的胜负手，咬着牙关上市拿到钱是第一位的。

事实上，由招股书提及的最高融资 15 亿美元来看，也就是90亿元人民币，其规模比起预期的要小，还不如京东上市之前的各次融资数量。从2011年开始，京东已经累计完成融资超过100亿人民币（具体约为109.46亿人民币，约合18.06亿美元）。有趣的是，这次京东披露的股东信息与财务信息，与之前一段时间的各类公关文章的数字都有较大差别，此处就不展开讨论了。当然，我们的分析还是要以京东提交的招股说明书为准。2013 年前三季度，京东商城净营收为 492.16 亿元，比2012 年同期的 288.07 亿元上涨 70%。在这样的数字对比下，中国最大的B2C公司融资额15亿美元真的不多，主承销商美银美林和瑞银证券的态度似乎保守了一些。但是，从更严格的财务状况来看，能够拿到15亿美元已经算不错了。京东在招股书之中说明，在2013 年前三季度已经实现盈利 6 300 万美元，而上一年同期净亏损 14.24 亿美元。只是这盈利中的很多都源自利息收入。该公司持有的现金及现金等价物只有14亿美元，而应付账款却高达17亿美元。考虑到刘强东和他的合作伙伴还准备继续扩张，该公司的财务状况短期内难以得到改善，因此，投资者对于这个中国亚马逊的故事有多少认可，在当时是个大问号。

2014年正月开始，关于京东的传闻不断。本来，资本市场的游戏规则是，公布招股书之前，准备招股融资上市的公司先把各方关系安顿好，利益谈得差不多，然后在IPO前尽可能地保持低调，先拿到钱再说。这是拟上市公司所谓的"不求有功但求无过"的方法论。不过，对京东而言，从IPO招股书亮相那一刻起就安静不下来了，关于京东的消息可谓是八面来风，资本、产品、市场……局面不仅不消停，比起以往更热闹。

当时有消息称，京东在上市前分别向腾讯、百度、360发出邀请。就像前文所述，京东积极寻找合作伙伴的行为其实不难理解，大多数公司IPO申请之前都会邀请一些知名公司作为战略投资者申购公司股票，即成为基石投资者。引进基石投资者，在一定程度上是给拟上市公司做背书，给不确定市场的IPO一个稳定剂。而对于中国的互联网生意以及中国的市场，又是中国的互联网巨头最清楚，所谓此消彼长。京东是电商之中的第二大组织，还有希望跟阿里巴巴系的淘宝网、天猫商城产生牵制，对于与阿里系鼎足而立的腾讯与百度，参股京东的战略必要性不言而喻。早在数年之前，百度李彦宏的个人入股就是如此。此时有舆论称，这几家入股京东，可能占股比例偏小，所以显得鸡肋，与中国互联网巨头一年来动辄十几亿美元收购控股的大布局路数不合，这也是现实。招股书中披露，该公司创始人刘强东团队持股18.4%，但刘强东为单一股东的公司FortuneRising也持股5.3%，即刘强东个人控制的股份为23.7%。老虎基金持股22.1%，高瓴资本持股15.8%，DST持股11.2%，今日资本持股9.5%，沙特投资公司王国控股公司持股5%，红杉持股2%等。刘强东将京东股份设置为AB股，刘强东持有的B类普通股，其1票拥有20票的投票权，而其他股东所持有的股票为A类股，其1股只有1票的投票权。所以，引入腾讯或者是其他巨头，都不会影响刘强东的控制权。当年百度上市，李彦宏也是设计了类似的AB股，就是为了防范其他投资者三心二意的行为对公司造成的波动，回头看确实大有必要。阿里巴巴2013年本拟在香港联交所IPO，也是希望有类似的创始人控制的董事会设计，最后因交易所方面不配合而暂时搁置。而说实话，面对京东这个生意，显然没有比刘强东更适合的操盘者。其他股东即使真金白银地花多少钱投资进去，也实在不可能跟刘强东来争夺话语权。资本干资本的纵横捭阖，创始人干创始人的实际业务，才是较好的分工。

说回电子商务本身，这在中国是一门潜力巨大、前程锦绣的好生意，但在现实之中又是非常难做的生意。我曾经花三年时间，写完了一本由1999年以来的中国电子商务的编年史《电子商务创世纪》，到了2013年，一方面是讲各种数据支持，未来的空间如何巨大，另一方面是讲大量的市场份额与利润都集中到了淘宝天猫系统，引流量拉客户的成本每年增加，营销来来去去还是脱不开价格战的低层次水准。总体而言，实在感到还在自营的大小电商们深陷于中国互联网里面最苦、最累的一个领域，京东虽然体量巨大，但是并没有杀手级的应用可以技术性击倒竞争者。招股书表明：京东现时在 34 个城市建立有 82 个仓储中心，并且在 460 个城市建有 1 453 个快递站、有 1.8 万个专业的快递员。而这15亿美元融资也将主要用于仓储、物流等基础设施的建设，以及为一些潜在的投资并购提供资金支持，这个平实的叙述或许是事实，但是真不是一个特别令资本市场眼前一亮的新故事，这也是为何IPO之前纷纷扰扰的客观因素。

2014年5月22日晚，京东在纽约的纳斯达克交易所上市，刘强东带领众位高管和家庭成员赴现场亲眼见证京东的敲钟仪式。

其开盘价为21.75美元，和发行价格相比，涨幅达到14.47%，至此，京东的市值达到297亿美元。IPO之后，刘强东所持京东的股份占总股本的比例为20.68%。如果以开盘价计算，刘强东的身价已逾60亿美元。5月22日当天，位于时代广场的纳斯达克MarketSite大厦对面最显赫的两块LED大屏幕上滚动播放着带有"JD.com"的广告。纳斯达克首席执行官鲍勃·格雷菲尔德在致辞中说，京东是真正具有创新性的科技公司，也是目前为止中国公司在美国最大的一单IPO。刘强东表示，本次IPO的直接融资加上腾讯的认购，共融资逾30亿美元。

京东集团的发行价最终定为19美元/股，如果承销商不行使额外购买美国存托股票的期权，那么这次公开发行股票预计共募集到的资金多达17.8亿美元。京东预计将在交易结束时募集13.1亿美元，另外还将通过私募融资同时以首次公开发行价格向腾讯发行138 014 720股A级普通股，募集13.1亿美元。这意味着京东在当时创造了中国互联网有史以来最高的IPO融资纪录。2004年腾讯公司上市时融资额是14亿港币，百度2005年上市时融资额是1.09亿美元。京东上市时，华尔街对阿里巴巴的实际融资额进行了预测，预计能达到150亿~250亿美元。而京东之所以会抢在国内最大的竞争对手阿里巴巴之前上市，就是为了避免被阿里巴巴分流资金。

阿里巴巴的香港心与美国梦

京东成功赴美IPO之时，阿里巴巴的上市时间和地点还笼罩着一层面纱。2014年"3·15"的第二天，阿里巴巴宣布要到美国去上市。耐人寻味的是，上市计划的具体细节未曾披露。这与京东在2014年农历大年三十公布IPO招股书形成强烈反差。不过，当时有人觉得，阿里巴巴此举是"项庄舞剑，意在沛公"，马云心中还有一个香港梦。

其实，阿里巴巴希望在香港以"合伙人"这种特殊的股权结构上市一事，在2013年意外地演变成一场从香港金融界蔓延到普罗小市民的大辩论。马云为了让阿里巴巴能够在香港上市，已经在PR（公共关系）方面全力以赴。一方面是对香港社会大搞"形象工程"，除了邀请香港媒体前往阿里巴巴位于杭州的总部参观，还专门安排香港的大学生到阿里巴巴实习。马云还公开述说自己将在香港度过晚年，也已经买了养老的房子。他的原话是"我爱香港，每次望着维港景色，我的心情就特别的轻松……全世界的交易所都邀请阿里上市，但我希望香港是阿里上市的首选地"。只是，话说到这个程度，现实的香港人还是没有配合。上一次阿里巴巴B2B业务的上市与退市，使得当地的投资者对马云耿耿于怀。加上近年对于内地企业家"土豪化"的描述，故此，有关阿里巴巴要求出身投资银行摩根大通的港交所总裁李小加，针对阿里巴巴提出的"同股不同权"要求，卖萌地写了个自己的梦境，虚拟了各方角色的发言来表明自己的难处。按照本城观察家的分析，其实李小加是很想促成这单有史以来最大的IPO（募集资金超过150亿美元，约合千亿元人民币），只是香港社会各方舆论压力太大，港交所与阿里巴巴系隔空对话多次，最后也未能讲妥条件成事。这并非完全是管理层不愿为眼前利益而牺牲长远利益和香港市场的声誉，只是摆不平各方关系而已。

虽然十几年来，不时有郎咸平等财务专家抨击香港证券监管体系相当软弱落后，类似于巴基斯坦证监会水平，但是曾几何时，香港的证监会与联交所也有过两次腰杆比较硬的时候。20世纪80年代英资的怡和系撤资以及2012年曼联俱乐部在香港上市的时候都提出过的"同股不同权"要求，香港有关部门也都有过考量，但是最后都予以拒绝。这次加上拒绝阿里巴巴，可以说是多年来香港证监部门难得的三次"坚挺"。

不过，马云与香港谈到这一步，已经是图穷匕见。互相祝福对方，可以看作是商界的礼貌，也是一刀两断的信号。到美国IPO，成为阿里巴巴2014年的头等大事，原因之一在于等不起了！中国概念股的IPO从2013年第三季度以来红红火火，陆续有中小公司抢赴美国IPO，而美国的量化宽松三期政策也基本在秋天终结，2015年更可能加息！换句话说，美国资本市场在历经三年多的上涨之后，将很大可能面临资金紧张以及指数回落的转折点。阿里巴巴必须要在盛宴结束之前抢到一个席位。原因之二，此时IPO是对竞争对手的有力阻击。京东商城是电子商务领域离阿里巴巴系最接近的一家。在京东商城的PR文章之中，也会不时提及电商双雄的字眼，强调京东模式如何与天猫淘宝竞争云云。一方面，京东的IPO才十几亿美元，也就是百亿元人民币的规模，而且勉强盈利的财务报表，与年赚400亿元的阿里系确实不是一个重量级。但是另一方面，即使是这样，阿里系同时IPO，此消彼长，势必能够压迫京东本来就有限的融资规模，运用合法伤害权使对手难受，本是中国互联网的常见事情，也就不必多分析了。原因之三，美国资本市场是全球最大、最成熟的股市，这是局促一隅、港人当家的香港交易所根本无法比拟的。一家有理想、志在"102年老店"的公司，到这里上市，也是最终目标。坊间担心，阿里系结构复杂、多元混合持股，美国的证券监管文化犀利、律师擅长集体诉讼等问题。这些固然存在，但是对于募集资金百多亿美元的阿里来说，这些既是问题，又不可能是多大的问题。小股东能够聘请律师，大公司能够聘请更加有影响力的律师，在上市结构以及以后公司运作方面，自然能够算无遗策，尽可能堵塞漏洞，防患于未然。这方面，阿里巴巴对美国证券监管体制有信心，更对于美国的投资银行有信心，能够找到一个让阿里上市的最合适方案。

事实上，阿里巴巴为巨额IPO向资本市场讲述了一个比较完美的中国互联网故事。具体的闪光部分包括财务表现和业务发展两方面。目前阿里巴巴是中国最赚钱的民营企业集团，这个已经有足够说服力。同时阿里的业务故事主角可谓星光熠熠：淘宝和天猫以及在此基础上生长出的电商巨擎，新浪微博、来往等社会化电商产品，美团、高德等O2O概念企业，以菜鸟为核心、其投资的海尔日日顺为补充的物流体系，淘宝旅行、投资的旅行网等在线旅游产业，音乐、影视（投资文化中国）、Tutorgroup等在线娱乐、教育产业，还有阿里云旗下的智能手机、智能电视，甚至前不久与美的合作抛出的物联网概念。而且，虽不在上市打包资产中，但与整个阿里巴巴集团存在巨大想象空间的阿里小微金融服务集团的业务——

金融和数据，这可以说是最豪华的互联网春晚大腕组合了。

还有值得注意的有趣迹象，就是公布即将到美国IPO之后，马云在来往扎堆里罕见地披露自己将展开全球旅行，7天内密集到访美国、法国、意大利等多个国家，"酝酿"国内和国外的商品对接。另外，由马云助理陈伟撰写、半官方性质的图书《这还是马云》的英文版本也正如火如荼地筹备于下半年在美国上市。因此，阿里巴巴的美国IPO可谓箭在弦上，没有悬念了。

阿里的一小步，中国公司的一大步

终于，时间的指针指向了2014年9月19日，这一天，阿里巴巴整体登陆纽交所上市，成为了中国互联网行业的春晚。不管是大V还是小程序员，19日的那24个小时，无论是微博还是微信，许多人都感受到了马云与阿里关键词刷屏带来的巨大冲击。

撇开上市公司必然会谈到的商业模式、管理与文化、估值与股价等因素之外，我们看到，阿里巴巴的整体上市是一个明确的信号，一个中国公司在全球经济体系的里程牌。这是阿里上市的第一个关键。

按照上市首天的收盘价格计算，阿里巴巴的整体市值达到2 314亿美元，超过中国几大银行，超过了中石化、中石油、中国人寿与中国平安这一批通过各种形式垄断而"长胖"的中国公司，也超过了美国股市上的宝洁、IBM、辉端、丰田、可口可乐、美国银行、Intel等这些代表了商业文化精华的蓝筹公司。这对于长期与山寨、廉价、劳动密集等贬义词汇在一起出现的中国公司来说，无疑是一个革命性的突破。这个英语教师出身的IT技术门外汉，令人不可思议地领导一家互联网企业走向了全球前五，甚至前三。

不能不说，这次的纽约之行，马云接受采访时候的一系列表达，比起评论家更加准确，也更有高度。例如，人们在电视直播时候听到最多的应该就是这一句："我们带回来的不仅是钱，而是信任。"当然，还有非常到位的是马云的另一句话："阿里上市，华尔街、硅谷、商界都说有了来自中国的全球性公司。原来他们心中的印度企业家是全球性的，比如百事可乐、微软的CEO都是印度裔。现在他们说，中国的全球化公司也来了。但坦白说，我们的全球化才开始。"

长期以来，因为经济发展阶段、语言、文化以及商业环境的不一样，中国的公司与中国的企业家，在全球化的浪潮之中是比较边缘化的。而这次阿里的IPO，由中国的管理层主导、由中国的公司自主定价、甚至是由八个与资本市场毫无关联的草根来进行敲钟，这一系列非常中国的做法，为阿里IPO的圆满完成增加了许多亮点。

诚然，我们不是狭隘的民族主义者，但是商业社会一样遍布不同集团的利益。"马云们"到全球股市的核心高地融资200多亿美元，然后雇佣全球化的精英，为中国为主的用户服务，这显然是好事，"马云们"的纵身一跃，也为中国公司争夺到了更大的生存与发展空间。

阿里巴巴的成长对于中国内地的商业生态造成了巨大的冲击。由无到有，由小到大，阿里的发轫与上市，至少为"中国梦"提供了一个比较有说服力的例子。比起其他电视机、电冰箱或者房地产公司来说，"马云们"与用户的关系也更加富有时代感。但这个奇迹对很多中国人，尤其是一些极端民族主义者来说，则多少有些尴尬。因为，内地传统的金融体系不可能催生阿里这样的企业，银行不会在初期给阿里贷款，中国本土的风险投资和PE（市盈率）更多是注重关系，习惯性地上市前突击入股，我们的证券市场也不会接受阿里巴巴的股权治理结构。所以，阿里巴巴是中国公司，但本质上不是中国制造，而是由完全迥异于我们国内的海外风险投资制度、金融制度催生的。这就更加说明阿里这个奇迹的稀缺性：在我们这种金融制度框架下，原本是不应该出现阿里这样的公司的。

有关阿里整体上市的各种评点之中，我最受触动的是柳传志先生的大实话："中国互联网公司的成功，是外国人特别是美国人的钱，投出来的。中国的投资者包括我，是没有胆量去投资这些带有创新型的公司的。因此这些互联网公司，实际是外资公司，而在中国，对这类公司从业务到上市规则都有非常严格的限制，所以才有了VIE结构（可变利益实体）。政府一方面强调创新、创业，另一方面各种旧的规则，不利于发展的观念在根深蒂固地限制着这类创新的发展。"同样是这个现实，悲观者觉得中国的中小企业没有未来，但是如果我们换个角度来看，有了一个如此庞大的阿里帝国的示范效应，这对于中国的投融资体制、对于资本市场的基本设计，都能带来剧烈的蝴蝶效应。至少，我所接触到的大批内地投资者，已经对于中国的内地创业项目给予了更多的信心与更实际的资金支持。

日渐成熟的阿里电商平台，俨然已成为虚拟世界的强大帝国。这个趋势将鼓舞更多的中国公司投奔互联网，要么是转型、要么是接轨。在全面铺设好了信息流、物流、资金流等基础设施，供大大小小的商业细胞组织们相互交易之后，这个商业帝国的总设计师——马云率领合伙人们，已经与雅虎及软银在博弈之中达到均衡。未来，"马云们"会面对更多的股东声音，更加芜杂的法律关系以及更加多元的资本市场利益团体。阿里的董事局执行主席蔡崇信在回答媒体有关阿里未来发展的提问之时，就答道："首先是做大电商业务，其次是进入新的领域，另外是涉及国际化战略的落地。"可见对电子商务产业链的投资和国际化仍将是投资的主线。

事实上，在阿里之前，也有很多优秀的公司在海外资本市场崭露头角。例如上市当天升幅3倍多的百度，在香港股市缔造了股价十年上涨百倍的传奇的腾讯。但是，这些企业因为上市太早，当初体量太小，反而错过了在资本市场上发力震撼的最好时机。美国资本市场上的中国概念股，虽然经常听到它们的新闻，但是其体量在2014年9月19日之前可谓无足轻重。根据虎嗅网的统计，2014年一季度排名前27位的中概股市值合计仅为1 474亿美元，不到美国上市公司总市值的1%，这27家企业市值加起来相当于一家亚马逊、小半家谷歌或四分之一个苹果公司。而千呼万唤始出来的阿里，一上市就等于前50家的中国概念股市值。有了阿里，中国概念股的阵营才算是初具规模。

从商业模式的视角客观评估国内诸多企业，多数企业还处于价值链模式阶段。它们围绕价值链构建商业模式，其竞争战略几乎都聚焦在差异化或低成本。这导致许多企业的竞争战略、营销战术趋同，盈利能力下降。因为强调低成本，往往造成低利润率，而差异化的成本越来越高。解决这些问题，唯有向更高级的模式迭代。有的企业进入到价值网模式，但随着企业规模扩大，企业发展遭遇到不可避免的天花板，价值网的协调能力面临极大挑战，逐渐失去竞争力。随着产业互联网时代的到来，以价值经济为主要商业模式的产业互联网将逐渐兴起。震源深度波及各产业价值链的深层次，进入金融、供应链、智业、教育、医疗、农业、交通、运输，全方位深层次的互联网化。各产业将形成一大批"阿里"，大门刚刚打开，企业若想走向商业价值的巅峰，就要像阿里一样不断迭代自己的商业模式。

阿里巴巴的股价可能短期会被高估。这么大体量融资的股票，上市的一年之内，股价通常很难有非常好的表现。但是，国际投资者对于中国市场的潜力肯定没有高估。就像paypal创始人马克斯评价的那样，"阿里巴巴这样的中国互联网公司的企业文化非常连贯，员工个人和公司的利益高度重合，像投资这样能同时照顾到员工和股东的公司无疑是最佳的选择。"事实上，互联网科技企业在股票中的估值和投资贵金属是一样的，都存在一个增长周期，这个周期大概是5~10年。在这个短周期内会存在波动，就和期货走势一样。从这个角度来看，阿里巴巴的未来，至少还有一倍的成长空间。

到2015年年中，京东上市已一年有余，阿里巴巴也已超过半年。两家公司的股票均有不同程度的下跌，而京东，更是在2014年第四季度净亏损人民币4.54亿元，净利润率为-1.3%，全年净亏人民币50亿元，净利润率-4.3%，成为京东成立以来亏损最严重的一年。而资本市场对阿里巴巴的热乎劲也在逐渐消退，不过，不论京东和阿里巴巴两家公司的股价如何，IPO不是他们的终点，而是起点。在移动互联网时代，他们还应继续行走在前进的路上，要更好地生存下去，不断改善和提升自身的经营思路和理念，让公司始终充满新鲜的血液。这才是站稳资本市场的基石。

微信红包引发支付变局

羊年春节，腾讯公司推出的"摇一摇"微信红包活动，成为春节期间最热门的话题。

我们来看看下面这一组数据：2015年春节期间，微信用户红包总发送量达到10.1亿次，摇一摇互动量达到了110亿次，红包峰值发送量为8.1亿次/分钟。支付宝红包收发总量达到2.4亿次，参与人数达到6.83亿次，峰值为8.83亿次/分钟。除夕当晚的红包首发总量均以亿计：微信红包发送量10.1亿次，支付宝达到2.4亿次。

除夕当晚，红包大战背后的本质其实是移动支付大战，微信红包的大红大紫表明微信想通过移动端颠覆支付宝在PC时代支付领域的霸主地位。2015年春节，微信迅速引爆的巨额绑定用户数量，足以对支付宝带来前所未有的震撼。本来2004年年底由阿里巴巴打造的支付宝，其用户达到七八亿，被看作是阿里集团业务最深、最广阔和最主要的"护城河"。这个类似无敌舰队的宝贝，几乎被业界认为是在线支付方面无坚不摧的利器，这两年正凭借余额宝等一系列金融创新给传统金融业带来巨大的挑战。殊不知螳螂捕蝉，黄雀在后，支付宝扬眉吐气的日子没多久，就被微信支付这个年轻的后辈紧逼上来，怎么能不让"马云们"吓出一身冷汗？

更可怕的是，这个后来者的功能未见得有多完善，安全性也经常引来质疑，但是，仅仅依靠"移动互联网"这五个字，通过滴滴打车支付的出租车司机包围战术与微信红包引爆这两场快攻，就已经硬生生地在互联网金融之中打响一个字号，抢占一定份额。最要命的是，在微信红包病毒式狂欢传播的时候，其他巨头竟然毫无办法，既不能找到类似的产品来正面对决，又无法在传播上遏制微信红包的长驱直入。这种被动挨打的感觉，一定非常难受，也很容易产生恐惧的气氛。

这样活生生的完败案例，怎能不让传统的金融界的银行巨头们以及准传统的PC互联网老大哥们战战兢兢？殷鉴不远，诺基亚全盛时期的2 700多亿美元市值，五年后，只值几十亿美元。

所以，在互联网公司里，已经有老大们敲响警钟。他们对公司上下明说——任何没有在微信上发过红包、领过红包的人都是需要自我反省的，说明你对新产品、新思维缺乏拥抱的态度。不要说你不是产品经理，互联网时代，需要的是全员营销、全员服务，否则你就将很可能是一个跟随者，因为只有深度的参与者才能让自己的脉搏和这个时代一起共振！

无论是微信红包还是支付宝红包，双方都让移动支付的概念达成前所未有的普及。喧嚣过后，双方均有得有失，均有难题待破。

1. 支付宝：无须迷恋社交入口

微信红包的战略意图非常清晰，就是先做用户习惯，再丰富支付场景，从而提升腾讯自身在移动支付市场的地位。微信本身作为一个社交平台，在春节期间借助红包这一工具抢占移动支付入口。也就是说，其本质是以社交为主，支付和电商为辅，将支付和电商服务于社交，从而让自己的社交生态圈更加完善。

而支付宝的本质和微信是截然不同的，它是支付工具，其线上线下的支付都来源于天猫、淘宝这两大电商平台。而这两大电商平台所积累的商户、品牌资源和用户习惯及品牌影响力，是支付宝背后支付场景的关键支撑点。

微信的火爆表现让阿里巴巴心惊胆战，并对社交耿耿于怀。其实，对于支付宝而言，它不需要对社交入口如此迷恋。红包对于微信等社交平台上的用户强化、激活社交平台的活跃度与用户黏性就像一支强心剂。红包虽然让支付宝的打开频次得到了很大的提升，却无法赋予它社交属性。虽然红包强化了微信的用户黏性，但一场红包大战依然无法对支付宝多年培育的支付场景与生态形成颠覆。

2. 微信支付生态系统应该同阿里巴巴的电商生态系统有所区别

微信红包未来可能会有两种走向，一种是将会逐步潜移默化地培育未来用户在移动社交领域的移动支付习惯，通过红包培育基于社交的新的支付入口，逐渐蚕食移动支付市场的份额，再逐步丰支付场景的铺设，对于阿里巴巴集团而言，微信的这种做法不可掉以轻心。另一种是，由于支付场景的欠缺，春节红包过后，用户开通支付，绑定银行卡，红包沉淀下来的资金没有足够吸引用户的场景来消费，微信支付、手机QQ支付随即沉寂。

无论是微信、还是手机QQ，其共同难题在于，如何有效打造成一个以个人为中心的包括社交与生活服务的生态系统，而这个生态系统，需要与支付宝背靠天猫、淘宝两大电商平台的支付生态系统区分开来，与支付宝的支付场景做到差异化，比如QQ红包的支付场景是由Q币、QQ会员、QQ游戏等由财付通与Q币衍生出来的支付生态系统。手机QQ手握大量付费用户，Q币、游戏充值用户数量巨大，是历史累积资源，这是手机QQ发力移动支付的优势资源。接下来，手机QQ与微信的难题都在于如何搭建足够丰富与之相对应的移动支付的消费支付场景，这是与阿里电商相区别的支付生态，当然，电商也是腾讯的基因弱项，这也在考验腾讯决策层与产品层的智慧。

对于支付宝而言，它在此次春节红包大战赢得了足够多的品牌曝光率，足够多的用户打开频次，并相对地培养了用户的支付习惯。但从本质上来看，支付宝并不需要喧嚣与热闹，而是需要安全与可靠，并需要在产品体验上有效契合阿里巴巴电商平台所搭建的移动支付场景，如何发力自身的电商平台优势，补齐移动端产品软肋，将产品与移动场景结合，做到足够的创新，这既是支付宝需要做好的本职，也是它的难题。对于巨头之间的战争，必然是需要打好自己手里的牌，而不是眼馋对方碗里的肉，把一手坏牌打到足够好，好过把一手好牌打烂。

3. 巨头之间的互相开放与连接才是驱动移动支付产业发展的重要前提

对于两者而言，春节红包都提升了各自的品牌曝光、绑卡量与用户活跃度以及在移动支付行业中的影响力。春节红包是推动用户绑卡量与移动支付习惯形成的一张牌，但不代表移动支付的全部，也并不足以塑造用户未来对于移动支付使用的持久惯性。对于腾讯而言，切忌过于强化红包对于支付的意义，把红包提高到移动支付的战略高度，而忽略了生活服务支付场景的塑造与消费者购物的转化率。对于支付宝而言，切忌把社交作为一种心病而忘记了基因塑造力决定产品落地原点与最终走向。另外，对于移动支付产业大局而言，既然腾讯与阿里之间，你有的都是我缺的，各建封闭围墙，始终不利于移动支付大局。

支付宝红包分享被微信封杀之后，微信曾放话："什么时候微信支付接入阿里生态圈再来谈红包社交分享。"可以看出，微信支付不能接入到阿里生态圈也同样是腾讯的心病。社交与电商，本来需要一个连接与融汇点才能达成最大的爆发。而未来的移动支付产业，可能未必是腾讯、阿里说了算，未来的变量更在于苹果等国际巨头NFC支付的普及与推进。这类似于滴滴打车与快的打车面临Uber等国际巨头入侵的时候，也懂得最终握手言和。移动支付入口最终并不是红包说了算，互联网巨头之间应该推倒各自的封闭围墙，互相开放与连接，才是驱动移动支付产业发展的重要前提。

当然，除了上述的问题之外，无论是微信还是支付宝，或者是以前的淘宝网，它们都有一个共同的商业模式：免费。对于这些互联网公司的商业模式，很多人一度都是持怀疑态度的。很多人会觉得说你们这帮人太狡猾，一定是先免费把对手都干掉，一家独占垄断了之后，然后再巨额收费。这是用落后的眼光看日新月异的互联网，是有失偏颇的。现在的腾讯QQ、杀毒软件、安全服务，在互联网上谁要敢收费，谁就马上被用户抛弃，因为后面还有很多的竞争对手等着免费来抢市场。

今天互联网上免费的商业模式，就是让一家企业把产品与服务的价值链进行延长，你在别人收费的地方免费了，赢得了用户，你只要想办法创造出新的价值链来收费，就能赚到更多的回报。微信不收你的通信费，让你们每天用微信，对腾讯来说是巨大的用户群。但是，它只要在微信里给大家推广游戏、推荐商品，就能轻松地挣到比背着垄断之名的中国移动每年收的短信费还要高的钱。

从现实来说，不是每个企业都可以做出微信，也不是每个企业都可以做出淘宝。但是在移动互联网颠覆的大潮下，以往的商业规则在土崩瓦解，以往的价值链在重构。在很多细分行业、类目、区域，都存在整合和制定新规则的机会。比如在各个行业都屡试不爽的供应链金融，比如在全国各地都遍地开花的P2P，比如各种O2O。真正具有企业家精神的经营者，在全世界最大的移动互联网市场上，还是可以找到很多机会，实现创业或者原来产业和企业的转型升级。

15 岁维基百科的成长烦恼

  2016年1月15日维基百科迎来了15岁生日。这一免费的网络百科全书现存超过3 800万篇文章，有290种语言版本，是世界上最大的单一知识储存库。我们在生活当中总会时不时遇到一些不知道的事情，尝试在互联网上寻找答案的时候，最后的链接往往都会指向维基百科。现在世界各地的人们都可以通过维基百科来获得新知识，世界各地的作者也可以不断向维基百科贡献新知识。

  维基百科是人类文明史上的一个创举，因为跟别的网站比起来，它是全球被链接次数最多的网站。很多教师、学者、记者、学生、论坛参考研究人员等都会用到它，甚至有的网友会拿它来预测电影的票房。某种意义上，这其实是人类漫长的历史里面一直等待出现的东西，是一个活着的百科全书。在维基百科上面基本什么问题都能找到答案，而且大家还可以参与改造答案。它的互动性和参与性特别强，所以有一些政客、公务员甚至明星，就会在上面修改很多内容，修改自己的身高、三围数字、教育背景等。甚至你会发现，这些内容很快又会被别的眼尖的网友纠正。它成了一场攻防战，成为一个特别有参与感的事情。

事实上，它还是人类历史上最大的合作项目，以前修金字塔、长城，很多人一起干，现在"双十一""双十二"的电商活动也会有好多人一起参与。现在基本上每时每分每秒都有人在改维基百科上的内容，所以这其实是人类文明或者智慧的一个特别大的成果。虽然类似的其他百科很多，但是跟维基百科比起来还是有相当大的一段距离。

维基百科庆祝15周年之际，创始人吉米·威尔士说维基百科的目标是成为人类所有知识的集大成者，为人类历史提供高质量的记录，让地球上每个人都能够免费获取所有知识。在这些年里，来自世界各地的志愿者们已经在上面提交了数百万的文章、照片、插图，还有一些信息来源。作为在全球范围内备受关注的网站，维基百科目前除了拥有"世界上最大的单一知识储存库"称号以外，在访问量等方面也有一些惊人之举。这个网站现在平均每个月有5亿人次访问，5亿人次的数据并不代表什么，可能一些娱乐网站或者其他非主流网站的访问量也很多，但是维基百科有8万名志愿者定期编辑页面，每天增加7 000篇新文章，每小时有1.5万次的编辑。而且，不管是编辑、修改还是贡献内容，水准都相当高。因为它里面谈到的问题都是知识性的，都跟智力有关，纯消遣的很少，要正儿八经把它看完或者修改其实还是要费点劲的。

按照通俗的想法，这样一个在全球都受欢迎的网站，其创始人的身价必然不菲。但是维基百科创始人的身价目前仅仅是100万美元。根据创始人吉米·威尔士在维基百科上的词条，他现年49岁，来自阿拉巴马，是一个无神论者，身价100万美元。一个"活的百科全书"的创办人，他的身价为什么会是100万美元，而不是亿万呢？

其实，吉米·威尔士要成为亿万富翁应该不是很难，这是他的个人选择，跟他的商业模式有关。他现在完全拒绝广告，不给赞助商页面，也不上链接。互联网上维基百科的流量现在排第七名，可能它在前一百名或者前两百名里面都是最干净的。这跟个人取向有关，吉米·威尔士的商业模式就是捐赠：你觉得这个好，就给个3块、5块，1块、2块都可以。而且，据我所知，他也不需要或者说不鼓励大笔的捐赠，比如投资基金、石油大亨给他一大笔钱，他都不要。

事实上，排名前一百的大网站，甚至前一千家这种大网站之中，已经商业化的太多了，或者说太商业化的更多。商业化其实就是一个证券化、资本化的过程。维基百科甚至不需要做广告，只要开放股权，允许那些创投进去，价格可能就迅速被抬得很高。但是，他选择拒绝，他可能是互联网里面的一个另类，值得尊重。

现在来看，维基百科的核心也非常简单，就是"知识"。它本身并不赚钱，它的迅速崛起，颠覆了一系列社会和商业模式。但是由于维基百科一直坚决反对在自己的页面上植入广告，坚持独有的捐赠模式，未来维基百科要想继续生存和发展，仅仅依靠捐赠模式恐怕是难以为继。维基百科的带宽、用户维护，对这个网站有一个巨大的要求，在技术上、维护上有巨额成本。维基百科现在已经有全世界第七大流量了，要再往下发展的话，仅仅靠这些模式是不够的。所以，目前它要做一个艰难的决定：到底要不要商业化，商业化的程度多少，商业化之后怎么走，是不是理想。现在谁也不太了解它，它也不需要出来向大家解释、道歉，也不需要跟大家有感情的沟通。未来，它要发展的话无非有两个可能：一种可能是把维基百科的一部分进行有限度的商业化，这个可以接受；另一个可能是，利用维基百科的巨大技术能力和品牌商誉，做一个平行的、衍生的东西，有用户，有互动，也可以做一些交流。我觉得后者的可能性更大，就等于我在家养了一只猫，这只猫很可爱，我不让它参加比赛，不让它商业化，但是我围绕着猫可以有一些别的做法，比如说拿这个猫的肖像去做个卫生纸广告、做个花生油广告，会有一些变通的办法。在互联网时代，有用户，有流量，要转化的话还有很多机会，关键看它如何选择。

那么维基百科现在用什么来维系它的整个生存和发展呢？"物以类聚，人以群分"，它吸引了一群对这个事情有兴趣的人。这也是我们国内自媒体讲的"人格魅力体"，比如有人开一个自媒体，就有很多人愿意来帮他做事。所以从目前看，员工工资也好，硬件也好，维基百科维持生存是没问题的。志愿者本身不是员工，维基百科可以没有成本，可以利用他们的热情，24小时做很多完全不一样的东西。但是回到所谓的发展主流、回到一个正常的公司运营上，维基百科可能还是需要有一个自己的团队、自己的架构，这个对它来讲就是一个选择的问题了。

吉米·威尔士一直以来拒绝商业化，也因为其后面有一个更广阔的美国商业背景。我们可以稍讲宽一点，比方说在美国，我们介绍很多战略咨询公司跟美国的大公司，美国有几家公司是豁免的。不管脸书怎么干，那些报道对它都是宽容的。但是其他公司，比如说沃尔玛、通用等，如果不按传统商学院的核心竞争力等一套东西做，就会受到很多抨击。美国的商业文化是这样，有突出的主流，但是它给另类空间。从这个角度讲，维基百科不完全商业化或者说不资本化，其实是因为吉米·威尔士压力不太大。举个最简单的例子，他一百万美元的家产，按照我们北京的房价来算，可能只是两套房子。美国富豪跟咱们不一样，又不拍电影，又不找明星，也不买名牌包，也不做贵西装，都穿套头衫，所以100万美元对他们来说已经足够了，甚至还要多。

这与他的价值观和生活方式、与他身边的群体都有关系。如果他身边的人都要买包、买貂，情况可能就变了。开玩笑说，他到了咱们东北也许马上就商业化了。这是一个社会风气的问题，无所谓好坏。对他来讲，置身于那种环境、那群人中，他的物质欲望没那么强。扎克伯格也只是买几万块钱的日本车。没有经济压力，他做起来会轻松很多。而且身边的商业环境又允许他不一样地存在。

不过，他不缺钱，并不意味着他的子公司不缺钱，或者说不需要这些钱来庆祝15岁生日。维基百科母公司维基媒体基金会宣布成立全新捐赠基金，并在未来10年融资1亿美元，从而支撑公司更长久的发展，或者是至少帮助公司度过当下周期性的一个财务难关。这么看来，维基百科拒绝商业化，某种程度上其实是得到了母公司的认可，它们两个的价值观是比较一致的。

维基百科完全跟传统的、主流的西方商业世界不一样。它没有太多连贯、长期的发展愿景，包括它对自己的身份也很困扰：到底是一个非营利性的社会中介组织，还是一个提供百科全书的科技公司？但是说实话，这个不用担心。像互联网时代的去中心化、去多元化一样，它只要有用户、有流量，就没有太大问题，剩下的就只是选择的问题。它要选择商业化，可能会牺牲一部分声誉，牺牲一部分原来的用户，也能有自己的价值。我觉得，未来融资10亿美元对它来讲很容易。

维基百科的前景是很乐观的，在互联网世界只要满足了人类的需求，抓住痛点，得到用户的认同，最后或多或少都能有发展，只是发展得好与坏、快与慢的差别而已。维基百科是全球所有类型之父。它吸引的粉丝本身也是所谓互联网世界甚至实体世界里面爱思考、对真理有期望的这类人。从这个角度来讲，肯定是有价值的。这是外在条件，而内在问题无非是管理层混乱，或者这一类公司包括脸书，严格来看也是上市后才进行规范化的东西。所以这种公司前期都是在狂奔，拼命扩展自己的影响力。对它来讲需要盈利、需要变现的时候，可能再停下来想。事实上从过去的商业世界的历史来讲，这种公司要找到好的CEO的概率还是比较大的。只要还在朝阳期、还在发展中，找到好的CEO不是很难，万科就是如此。从这种角度看还是比较乐观的。到底能不能做成伟大的、跨越时代的公司，像脸书那样成为大巨头，从目前看不太乐观。产品本身不是情绪主导型，不是容易"忽悠"的东西。我们看国内类似的包括知乎这样的东西估值都不太高。不是每个公司都做世界巨头，不是每个人都要上富豪榜。从这个角度来讲选择适合自己的方式并不是坏事。对这家公司来讲，不要太喧闹，太浮躁，大家继续每天工作，包括49岁的"大叔"每天在更新词条，有时候看还是挺美好的事。

在追求商业利益的背景之下，维基百科无疑是情怀的坚守者，除了情怀，其实还能够在维基百科身上看到其他亮点。未来再过15年还会有什么样的变化，我们也拭目以待。

互联网餐饮案例：西少爷肉夹馍内讧

"西少爷肉夹馍"这几个简单的大字，没有过多设计感的招牌，从创业伊始可以说是火爆京城内外。这个品牌的创始人既不是经验丰富的投资人，也不是餐饮行业的领头者，而是三个西安交大本科毕业生。这本不是什么新鲜事儿，不过最近他们出了点小小的问题，值得我们关注和总结一下。

李彦宏曾经这样说过，以一个互联网人的角度去看传统产业，你会发现有太多事儿可以做。西少爷肉夹馍的三个创始人——宋鑫、孟兵、罗高景，创业之前在互联网公司工作过，是正宗标准的"IT男"。而且孟兵大学时的专业是自动化，罗高景的专业是计算机，宋鑫学的是土木工程，都是理科男。

三个和餐饮一点不沾边的年轻人正是凭借着理工男一猛子扎到

底的拼尽，把小店开起来了。创业之初，他们把店面选在五道口清华科技园的旁边，店面非常小，不到十平方米。但三位负责人的分工非常明确，孟兵主要负责对外宣传，宋鑫主要负责肉夹馍等产品的研发、生产以及厨师管理工作，罗高景主要负责店面的运营。听起来三个人的责任都很大，但是三个文质彬彬的大男孩，守着这么一个小店做肉夹馍、卖肉夹馍，真算是一道独特的风景。

创业路不是轻松的，他们做的是肉夹馍，哪个地方肉夹馍的最好吃？西安。他们要在北京开店卖肉夹馍，就得有特别的方法。比如说制作方法，他们就得放弃传统的方式，要另起炉灶，直接换成电烤箱，感觉又不对，最后慢慢研究，总结出一套程序之后，保证所有的产品都有一个精确的线性关系，味道做到了最好。

他们还一起创造了很多计算方式，这是理科男的独特之处，什么东西都可以用公式算出来。比如说控制盐的多少，切肉的碎度，还有馍的厚度等，会拿一个尺子量一下。很多人听着可能会觉得做个肉夹馍至于吗？还上升到什么研发层面，可是还真是这样，要想在那么多肉夹馍中脱颖而出，还真需要点真功夫。比如说5千克肉得加多少水，放多少调料等。肉夹馍配方研发出来后，就发起长时间的试吃，首先团队几个人自己吃，觉得满意了，将范围再扩大，最终扩大到一百人。一百人的试吃是在清华做的，感觉就相当于一个产品发布会。

西少爷肉夹馍的核心产品就是他们苦心研制的陕西关中肉夹馍，最难得的是保留了关中肉夹馍的古老味道。除此之外，西少爷还提供健康蔬菜系列肉夹馍，还有现磨的纯豆浆、凉皮等很多经典美味。在经历了一系列准备之后，小店终于开门迎客了。

口味越来越挑剔的顾客到底买不买他们的账呢？回过头看，之前他们的努力没有白费，公式没有白算，开业头炮打得很响亮。开业当天原本打算卖1 200个肉夹馍，结果一上午就卖完了，三个小伙子很忙碌。让他们没有想到的是那一天之后，很多新闻开始关注他们了，而且在搜索指数当中，他们的受关注热度在一周的时间内直线飙升了1 000%。

头开得不错，但是对于宋鑫、孟兵、罗高景来说，这还不叫成功，让更多人了解西少爷、喜欢西少爷才是他们下一步的努力方向。这个时候他们开始盘算另外一个问题了，怎么样打开知名度。他们既没有大量的资金，也没有过硬的人脉，只好在细节上下功夫，好在他们是有想法的"IT男"，这些都不是事儿。

他们首先在定价上做文章，通过比较他们发现，正宗的肉夹馍在北京市的售价一般是九块到十块。他们如果想吸引顾客，就应该先以低价取胜，他们把自己的价格定在七块钱。除了价格比一般市场价格便宜，他们馍里的肉也比一般的多一点点，给人感觉物美价廉。

当然，也不能忽视品质，西少爷肉夹馍在这点上可以说是走上了前端。同为创始人的罗高景、孟兵对肉夹馍产品细节特别在意，而且制定出精准的参数指标。比方说肉夹馍的直径一定要达到12厘米，为什么？因为这样大小作为早餐一个够了，如果说直径小一点，可能吃一个不够，吃两个又多了。再比如说西少爷用来装肉夹馍的是纸带，成本比普通塑料袋要高出十倍。但他们依然不满意，而且打算自己研发出既透气又防油的纸带，看来理科男做餐饮生意还是有好处的。既能够处处运用所学知识，还能够搞研发，搞创新。

这些做好了，更重要的一点就是营销，没有营销和宣传肯定不行，所以他们在创业开始时就下足了功夫。关于他们的很多文章在网络当中图文并茂地开始传播开来，包括他们的创业故事等。比如说他们曾经传播一个创业故事，说他们曾经是大公司员工，看似风光无限，其实都承受着巨大的工作压力，成为大公司外表光鲜的符号，但是个人理想却无法实现，每天和一百万人挤北京地铁13号线，体验各种落差感。虽然是IT企业高级工程师，有着不菲的收入，但作为一名土生土长的西北人，远离家乡的美食实在难忍，在深圳、北京、上海没有吃过让自己满意的肉夹馍，于是决定自己做一个。

这些真切的感受和细腻的表达，点燃了许多听故事人的梦想，拨动每个人心底最柔软的神经。当然这个故事充满了戏剧性，IT公司的高级白领跟卖肉夹馍的竞争，新奇的人物角色和极富冲突的故事情节开启人们的好奇按钮。

他们的营销文章让不少人想探寻一下庐山真面目，想看看这家店到底是什么样，肉夹馍到底好不好吃，于是就有一波接一波的人从网络世界来到他们的实体店。很多人说味道还不错，然后就开始一传十，十传百。当然，肯定会有不喜欢的，但是不管怎么样，他们轻松创造了一百天内销售了二十多万个肉夹馍的记录，让人们再次相信了网络的力量。

除了有亮点的文章，实际的推广也不能少，在开业优惠的日子里面，除了常规的免费赠送之外，还有向互联网人致敬的活动。凡是持网易、搜狐、谷歌、百度、腾讯、阿里巴巴员工卡的顾客都可以获得一份免单。把文章分享到微信朋友圈，你获得一个点赞也能够获得一份免单；还鼓励用户到大众点评进行网上评价。就这样靠着互联网快速传播，以及一个接一个的创新点子，西少爷粉丝数一路飙升，品牌做响了，客流量也能够保证。当然，西少爷也没闲着，继续在服务上满足更多的顾客。比方说吃完肉夹馍可以索取口香糖，排队时间长会有遮阳伞，渴了有免费的矿泉水，手机没电了还可以借用充电宝等。随着"90后"成为社会消费的主流群体，他们吃饭更多不再是为了填饱肚子这样简单，更愿意为品牌背后的价值买单。西少爷这种思维就是"得'90后'，得天下"的思维，让本身并不起眼的肉夹馍店火起来了。

　　在别人看来，开肉夹馍店是件挺丢人的事儿，但他们却办得红红火火，感觉有点登上大雅之堂。其实想一想，互联网人有一个特点，他们希望把产品做好，无论投入多少，成本多少，他们认为最终都会有回报。这也是孟兵曾经说到的，所以他坚持四个字就是"产品第一"。

　　就在大家对西少爷肉夹馍的前景拭目以待的时候，创始人之一的宋鑫离开了公司，2014年11月13日宋鑫在知乎上发布了致孟兵的一封信，声讨孟兵。宋鑫说西少爷孟兵欠钱不还，当时公司创立发起过众筹，前后两次共85万。到现在一年多了，公司财务报表从没看到过，分红更是没有人拿到过。紧接着在11月14日，西少爷另外两位负责人罗高景、袁泽陆在自己微信朋友圈发布回应宋鑫的指责，说全部都是诬蔑。西少爷肉夹馍为了消除众人的疑虑，决定向希望退股的股东提供退股溢价。

　　直到现在关于西少爷肉夹馍的各种论战还在持续，还没有一个确切的结果。但是我们拨去外表纷争，可以肯定这样一群草根创业者的想法和理念。仔细想想，在当下传统老字号逐渐消失，餐饮行业的竞争非常激烈的一个大背景下，这个肉夹馍正好代表了一种独特的符号。他们的创业故事其实就发生在我们的身边，只是他们的视角、他们的目光不一样了，就是从一点点开始。也许股东之间不发生这些事儿，西少爷肉夹馍会成为一个连锁的肉夹馍大企业，可能会做成一个高端饮食连锁品牌。

对于他们三人离开众人羡慕的IT领域，转而投向未知的餐饮行业，也有很多人表示不理解。其实，每个行业都有好做和不好做的时候，IT也是高风险，高投入，高淘汰的。在这种情况下，每个人根据自己的个性特点扬长避短不是一个坏事。这从另外一个角度也提醒大家条条大路通罗马，并不一定挤在看上去高大上的领域才能成功。假如他们三位做IT项目，就不会有现在做肉夹馍的知名度。从这个角度上看，他们短时间的选择是对的。每个人都有自己的个案，要根据自己的特长制订，不能一概而论，有些人喜欢挤独木桥，有些人喜欢独辟蹊径。

三个创始人的成功离不开互联网营销。那么目前针对大环境，网络营销的优势和劣势有什么呢？

优势是用时间换空间，它在很短时间内迅速把一个生意、一个项目曝光在大家面前，这是优势。减少半径，迅速找到用户，迅速获得反馈，是传统企业比不上的。

劣势是，因为太快，优点暴露的同时，缺点也在暴露。这就是典型的双刃剑，而且很多不好的声音出现的时候，其带来的压力也是传统的几十倍、上百倍。那时候公关团队没有什么用，因为网络营销是潘多拉的盒子，当放开的时候控制不住，好坏都抗着。

所以，做事情的时候要考虑周到，发生的事情要想到，做多少和说多少要平衡，不能说得太好，要实事求是。

对于西少爷的论战，有人说本质不在于股权众筹，也不在于投资者利益保障，在于的是创始人内部团队管理和发展方向。那么，他们背后的原因是什么呢？

目前看是三比一，一个跟另外三个不和，团队有问题，沟通有问题。对于这个事情的处理也有问题，跟股权众筹没多大关系。从个案来讲，他们之前可能说得不清楚，大家集资，夹杂了个人情感的部分，游戏规则大家说得不清楚。比如众筹就是投资，投资完了需要很长的时间才能有回报而不是立竿见影。

亲兄弟还要明算账，几个兄弟在一块，先把事情做大再来分蛋糕，往往就是这样，事情做好，分蛋糕是一个最大的问题，亲兄弟变成仇家都有可能。众筹是目前流行的选择，那么怎么避免日后发生纷争，怎么样规避风险呢？

众筹事先要说清楚，不能打擦边球，不能有灰色地带，不能为了融资做含糊误导的东西。同时，投资人也要想清楚，投资是有风险的，看别人翻了多少倍就要分，也不合适，大家都要理性。一开始融资的时候，融资方可能选择性地只说好不说坏，到后来出资方只谈要钱不谈规则。这里面需要互相博弈协调。所以，大学生创业时，第一点，不要过度承诺，能做多少是多少，跟出资方说清楚是有风险的，不要大包大揽，不要告诉别人你天下无敌，能超越马云，超越李彦宏。第二点，自己拿到钱应该谨慎运营，尤其是对内部的人一定要说清楚。

来去匆匆的比特币

2009年，日裔美国人中本聪提出了比特币（BitCoin）的概念，事实上，比特币就是一种虚拟货币。同我们现实中使用的货币不同，比特币没有特定的货币发行机构，它是依据特定算法，通过大量的计算而产生的。比特币与其他虚拟货币最大的不同是其总数量非常有限，非常稀缺。该货币曾在4年内只有不超过1 050万个，之后的总数量将被永久限制在2 100万个。

2013年，美国政府承认比特币的合法地位，使得比特币价格大涨。而在中国，2013年11月19日，一个比特币就相当于6 989元人民币。

一度，国内交易平台在市场中不断扩大比特币的交易额比重，这与国外比特币交易网站遭遇的"跑路"风波形成了非常鲜明的对比。2014年2月25日，全球最大的比特币交易网站Mt.Gox轰然倒闭并无法登陆。当月28日，Mt.Gox正式宣布申请破产。随后，新加坡比特币交易网站FLEXCOIN也突然倒闭。由于Mt.Gox的破产事件，国内的比特币交易也出现了明显的波动，价格一度从接近3 600元跌至3 050元（几日后比特币的价格又回到了3 865元附近）。尽管国际上人心惶惶，但价格大跌依然不能阻挡中国国内投资者们的热情。

中国的比特币交易网站在这次风波中因祸得福，有数据称中国内地比特币交易量已占全球交易量的70%~80%，甚至交易量最大的比特币交易平台也被中国的比特币交易网站夺走。人民币是比特币兑换市场上仅次于美元的第二大币种，占全球的1/3，中国市场已然成为比特币玩家的积聚之地。有专家认为比特币价格上涨的最大原因在于中国买家大量入场。2014年2月25日，Mt.Gox倒闭后，国内比特币交易量下降近7%，当日交易量为334 562枚（约合11亿元人民币）。而随后，交易量逐渐企稳，至3月4日，交易量大涨14.05%，交易达到339 830枚（合14亿元人民币）。自2月25日至3月13日，17日内成交量为90亿元人民币，比上个17日成交额增长16%。据国内交易平台数据显示，2014年1月27日，1比特币还能兑换5 032元人民币。这意味着，该平台上不到一个月，比特币价格已下跌了36.7%。

2014年5月27日，Willy Report网站通过对交易数据的分析得出结论：2013年比特币的价格暴涨和Mt.Gox的交易量大增，或许源于虚假交易，甚至有可能涉及Mt.Gox的内部人士，一定程度上源自一场诈骗活动。事实上，有一个叫"Willy"的机器人每5~10分钟就会买入5~10个比特币，这种行为持续了至少一个月的时间。

上述关于比特币的各种故事与花絮让人眼花缭乱。其中购买者一度迅速暴富的神话最容易打动普罗大众。而人民银行一再升级的监管措施，则为最近这个脆弱的故事画上一个阶段性的句号。尤其是人民银行要求各家银行也从2014年4月15日开始关闭比特币交易通道，这就意味着中国比特币交易平台的资金渠道将被彻底关闸。

当然，由于互联网上对于比特币的交易热潮初具规模，内地关闭线上资金渠道也不能使比特币交易消失，但是已经让交易被迫从线上走到线下。这样交易的成本就会大增，可能是现在的十倍、二十倍。更加致命的是，作为互联网上发明、发行并且一度走俏的"数字货币"，最后要变成线下交易，这本身就是极大的悖论。因此，有关比特币的内地交易平台负责人认为，这种力度的措施，已经是取缔比特币的交易，而不再是监管的思维了。事实上，早在2013年12月5日，央行发布《关于防范比特币风险的通知》，明确表示比特币"并不是真正意义的货币"，并要求现阶段各金融机构和支付机构不得开展与比特币相关的业务。其后，央行的调查统计司司长发表了一篇名为《货币非国家化理念与比特币的乌托邦》的文章，对于缺乏国家信用的私人货币发行表达了保留的态度。尤其是文中强调："货币政策是国家调节经济的最重要手段之一。货币政策与税务、警察、法院等国家机器一样，是现代国家运行的基础，是国家机器的重要组成部分。只要国家这一社会组织形态不发生根本性变化，以国家信用为基础的货币体系就将始终存在。"这也可以看出中国央行对于货币政策如何重视，丝毫不会有松动可能。这也表明了央行未来一段时间的态度——游走在灰色地带的比特币在中国生存和发展的空间非常小。

诚然，有舆论欢呼，比特币是超出原来传统货币体系的产物。在他们眼中，"以比特币为代表的数字货币的发展，反映了新经济体系中自发萌生的新货币形态的内在创新需求，代表了新知识和信息机制所引发的历史进程中的一个重要构成。"这款去中心化与去国家化的虚拟货币的安全稳定性，成为各国忧虑的核心。不断有人认为比特币是传销——事实上也真有点类似。

在比特币的网上狂热粉丝们看来，国家的变化、秩序的重构、全球政权组织形式的嬗变都是比特币的大利好。而正是这些引致"庶民的狂欢"的因素，恰恰也是大多数国家感到头疼的不确定性，你越欢呼，各国对于之前从来没有见过的比特币这个"数字金融怪物"的态度就越谨慎。

目前各国对于比特币的态度复杂，大多数经济体暧昧。

其中对于比特币身份最为友善的是德国——2013年8月，承认比特币的合法地位，已经纳入国家监管体系，成为世界首个承认比特币合法地位的国家。而美国则是采取不反对的态度，在2013年11月18日参议院听证会上，伯南克表示：美联储无权直接监管虚拟货币，认为比特币等虚拟货币拥有长远的未来，有朝一日或许能成为更快、更安全、更有效的支付体系，并为比特币送上谨慎的祝福。

至于大多数市场经济国家，则是明确的谨慎态度。加拿大不认为比特币是合法货币，而只是一种投资工具。现在使用比特币交易的人必须缴税，就像投资房产一样。和美国不一样，加拿大的金融监管机构不认为比特币交易属于货币业务，所以交易所无需注册或者标识出可疑的交易。以色列不承认比特币为官方货币，但是政府正在考虑对比特币的盈利征税，认为比特币的赚钱者需要缴税。

还有第三类，则是对比特币基本否定的态度。例如土耳其的金融监管机构说，现有法律不适用，警告人们不要使用比特币。土耳其金融专家将比特币和"荷兰的郁金香、法国的密西西比气球、美国的安然公司"相提并论，指出其只有交换价值，没有使用价值。不过，比特币在土耳其蓬勃发展。土耳其有一个比特币和莱特币的交易所，叫BTCTurk，在伊斯坦布尔机场有可以兑换比特币的货币交易商。荷兰发布声明警告比特币风险，质疑比特币存储无法保障，不是由政府和央行发行，比特币价格波动剧烈。之前，印度相关机构表示，虚拟货币给监管、法律以及运营风险带来挑战，印度将继续关注比特币的发展。

　　至于第四类则更加直接，彻底否定了比特币。比如泰国，买卖比特币、用比特币买卖任何商品或服务，与泰国境外的任何人存在比特币的往来，在泰国都被视为非法，成为在世界各国封杀比特币的首例。

　　除了国家，投资界对于比特币也出现了激烈的PK。风险投资家马克·安德森曾在虚拟货币会议上表示对沃伦·巴菲特的建议——让投资者远离比特币——很有意见，他说："一直以来，这些白人老头对自己不了解的新技术发表的言论全部都是瞎说。"而巴菲特则不紧不慢地通过媒体传播自己的保守看法：比特币是海市蜃楼。这是一种转移资金的手段。它是一种有效的转移途径，而且可以通过匿名实现这个过程，还有诸如此类的一些特色。

　　比特币经常与黑客、庄家、诈骗、炒作、不安全等名词相关联，发明人神秘匿藏，数量有着上限的新产物……比特币出生之后的表现确实不能令人满意。如果不是有互联网的加持，比特币的尝试就会是一个善良、美好的笑话。比特币所体现的货币属于非国家化理念，早在20世纪70年代就由英国的经济学家哈耶克所提出，后来无法实现。各国政府对于经济的干预在过去30年，比起之前的一个世纪要积极频繁得多，纯粹的市场经济几乎成为传说。但是，正因为比特币是互联网大势的产物，尤其是嵌入了许多技术与IT话题，又具有金融属性，尤其是代表了"先进生产力的方向"这种政治正确的预测，都使它早就超出了一般数字货币的讨论与观察座标体系。有关部门反对它，或者忽视它，不仅要面对舆论压力，更加会引发他们内心的另外一种不安全感与担忧——失去了发展机遇倒是小事，但是自己是不是错过了一个移动互联网时代的秘密武器？这才是大多数政府对比特币不敢贸然动作的真正原因。

事实上，比特币目前的尝试可谓是第一代，当前比特币在支付手段、流通性、替代风险等方面所体现出的货币功能发育不完善的问题确实存在。但是随着社会的变迁，未来很快将出现比特币的2.0等更高级版本。多币种的数字货币群体格局正在走向稳定，"比特币们"的不确定性正在降低，对其货币功能的投机干扰从长期看也将逐步降低。数字货币的价值基础有朝一日超越国家信用不足为奇。未来的"比特币们"并不仅仅是私人信用货币，其基于全球参与的信用基础远超出私人发行货币，甚至可能超出国家信用基础。在比特币面临重重与生俱来的顽疾之时，各国积极推行自己的数字货币尝试，反而是一个好机会。

当然，这些都是理论上的分析，宏观上趋势的认知，并不支持短线对于比特币价格的炒作。对于想迅速在比特币里面通过短期涨跌差价大赚一笔的人来说，可能这些机会已经在2014年完全透支，不要再抱幻想。

　　总而言之，数字货币是未来的发展趋势。虽然目前受制于种种局限和不利，但是作为具有发展潜力的新事物，未来，还会有更多的"比特币"诞生。

互联网时代体育这样玩

　　人生应该庆幸的是可以有所作为，人生应该感恩的是赶上一个变革的时代，人生值得回忆的是这一路能思考着前行。

　　中国的体育产业发展正处在黄金十年的最开始，一切都未显示出它最终的模样，也就意味着一切皆有可能，这将给所有人一个契机，或许我们可以创造一个奇迹。思考随笔也大概就是这样的一种准备，我们一起来探讨下吧。

体育市场规模暴涨 7 万亿元，火从哪里来？

　　2014年，国务院发布了《关于加快发展体育产业促进体育消费的若干意见》。意见提出，到2025年，我国体育产业总规模需达5万亿元，人均体育场地面积要达到2平方米。而根据国内已经出台的30个省级政府提出的政策来看，到2025年我国体育产业总规模将达到7万亿元，远超过5万亿元的发展目标。

与此同时，中国体育领域发声的消息也开始以亿元作为单位。2015年2月，腾讯以31.2亿元人民币获得美国职业篮球联赛（NBA）未来五个赛季的网络独家直播权；2015年10月，体奥动力以80亿元人民币的价格购买未来5年中超联赛全媒体版权；2016年冬季转会窗口，河北华夏幸福在引援方面投入了4.2亿元人民币，位居全球第二……

另外，中国体育企业的估值或融资金额也以一日三涨的方式呈现在公众视线。2015年5月乐视体育正式宣布完成首轮融资，以28亿估值，融得资金8亿元；2016年3月，乐视体育完成B轮融资，融资额为80亿元，B轮投后估值为215亿元……

面对体育产业忽然形势大涨，很多朋友在问我，现在的体育产业，你怎么看？讨论颇多，总结下来，与诸君分享几个角度的思考。一家之言，抛砖引玉，逐一道来。

凡事必有因，才有果。跳出体育本身的范畴去看，其变成风口的内在因素有三点：

第一，国家要求以体育产业发展来作为新增的经济增长点。必须深刻地理解这一点，才能把握发展的方向。新的经济增长点，实际上指的是消费，与体育有关，以体育为名的所有新的消费内容、消费方式、消费场景。这是一个全新的范畴，深刻的变革，颠覆的思考，因为事实已经证明，之前的体育产业的概念、模式和内容都需要升级。这意味着,在行业内的人,将面对一个几近陌生的方向,在行业外的人,将可以任意发挥想象力。一句话,中国的体育产业发展,已经进入混沌时代,谁主沉浮? 一切未定!

第二,是全民健身的国策引领方向。物质文明决定精神文明,这句话大家耳熟能详,但是,必须看透另外一层,当物质条件具备时,互联网技术发展等一切外在因素的推动,使得人民大众的精神文明需求以强烈、具象的方式呈现出来,精神文明的需求不再是个虚词,不再只是一个广义词,而是具体的产品,具体的服务,它甚至已经以一个人或一群人的个性化要求的形式在发声。用更潮流的话来解读,你是否能了解社群,你是否能解读人性,这才能决定你在体育产业的发展中有没有位置!

第三,是产业内容的调整方向。我本人是中国民主同盟的盟员,2015年,我最遗憾的事情,就是自己书写的谏言建策的提案,竟然和姚明的提案严重"撞车",几乎百分之八十的内容相同。但是从另外一个角度来看,说明我们存在共同的认知:体育产业的调整方向是减少束缚,发挥市场的积极性,中国体育产业最缺失的是内容,是品牌,是真正意义上的可以全民参与的体育生活方式。中国以体育内容为核心的产业服务价值占比,目前只占20%,而国外成熟的市场占比都在60%以上,要实现7万亿元的发展目标,实现产业升级,这才是真正的方向,它不只是买个版权,做个赛事,搞个APP,它应该是一系列的体育服务手段的升级和换代。纯粹功能化的体育产品制造业注定不是未来!

体育产业,其实更应该叫运动产业,它本质上应该是娱乐范畴里的重要一部分,它不能孤立,以貌似封闭的内循环方式去思考,把中国体育产业发展的方向放到整个中国经济发展的大环境里去看，我总结的心得有以下三点：

（1）服务升级，是以体育人口的重新界定去划分发展方向；

（2）内容品牌，是以体验为核心思想去创造和推广；

（3）产品发展，是以跨界的思维来增加附加值。

钱真的可以砸出体育行业的新商业模式吗？

7万亿元的体育产业规模，像一剂强力兴奋剂，让大家都自己先嗨了起来，先不管路子对不对，把体育的大旗竖起来再说。各路达人都要玩体育，各种姿势百花齐放。坊间汇总了一下2016赛季中超冬季转会总额，7家俱乐部花费超过2 000万欧元，总额高达3.34亿欧元，将近24亿元人民币，居世界第一。

几乎每天都有体育行业的各种新闻刷新我们的眼球，翻一翻我们所听到的和体育有关的消息，最多的角度是A企业花了多少亿元人民币购买了某某运动的版权，B企业猛砸多少亿元收购某某平台，强势介入体育行业。C体育创业企业获得多少千万美元的投资……我们看到，传统企业、互联网企业，如万达、乐视、阿里等巨头，都在布局体育产业，大额的钞票在飞舞，给大家的感觉就是：钱多，人傻，事不多，速来速来！

然后好多人，摸摸口袋，看看新闻，闭上眼睛，幸福感油然而生，下一个千亿就要降临在自己身上，好开心！但是，钱真的能砸出体育产业的7万亿元未来，真的能创建出行业新的商业模式吗？

事实是，据统计，全国2015年利润超过1 000万的体育公司，不超过30家，这是达晨创投的何士祥老师在一次互联网＋体育大会中说的：

体育创业公司说故事的很多，盈利的很少，融资的多，有模式的少，反而泡沫大了，估值高了，陷阱多了；

国家的体育产业基础条件较差，市场化程度低，专业人员极度匮乏，优质资源及审批权力过于集中；

体育企业是呈两极化发展的，要么是体育巨头如泰山体育、体坛传媒、体育之窗等，要么就是在细分行业的小而美的龙头企业（千万级收入，但亏损的较多，少数具有传统基因的企业拥有百万到千万级的盈利）。

所谓窥一斑而知全豹，中国的体育市场现状如何，可想而知。中国还没有真正意义上的职业体育，从某种意义上来说，当国家将全民健身定为国策，中国的职业体育才真正地开始起步！

千万别把投资方当成傻子，只有傻子才以为自己还不会的事情可以忽悠别人相信，要诚实点问自己，没钱，这事自己能干么？能自己活下去，再去想，有钱可以怎么优化进程。

那么，说关键问题，体育的新商业模式在哪？所谓新，就是之前与之后，当环境、渠道、工具、习惯、人群、目的等这些词发生变化时，新的机会也就出现了，只是在我看来，这些变化可以大致分为功能型和体验型这两个大类别。

所谓功能型商机，就是指能实现运动既有目的的方式方法变了，路径变了，有效、有用、快捷、便利是其最大的四个特点。要想把握这类商机，传统的优势不能轻易放手，能垄断的资源要垄断，该投入的研发要投入，因为这一类商机，大多都是卡位战，花起钱来不可能少。而且，前浪发现了美景，后浪一浪一浪就来了，案例比比皆是，这里就不罗列了。

所谓体验型商机，是指改变了已有的运动场景和目的，重点在创造。IP、创新、互动、社群，是这类方向的最大特点。把握这类商机，思维高于一切，执行必须专业，整合需要主线。体验内容的开发，不是营销开发，而是品牌的树立，是让人抱团，大家共赢的系统规划。它必须重视附加值存在的位置，不挣钱的事情没人会干，所以如果你没看到某个项目上的盈利点，可以固化和复制的点，要不是你见识不够，脑洞太小，格局不足，要不就是这事还不对。只是关注其中某一部分，都是不对的。体验型商机，相比功能型商机，价值空间更大，更可以自己决定，从这一点上说，乐视拼命在讲生态圈，我是赞同的。但是，它玩得大，风险和布局范围有关，和深度无关，因为，当深度足够达到把握核心要素，自然万国来朝，盛世自现！

所谓新的体育商业模式，应该学会洞察商机，了解人性，模式才能真正被建立起来，钱不是最重要的。所以我的心得是：

（1）新的商机在跨界

跨界不是生拼，而是他山之石。中国体育产业发展的方向是从制造业转向内容IP及服务，并且，我们认为体育其实就是娱乐的一部分，这自然就好理解为什么最近观察到体育产业的参与者中，最热情的不是原来的体制内人士，都是外来的和尚。

（2）新的商机在生活方式

人群的最强消费动机在于主动需要，这个时代最大的变化就是快速的发展，人们在不停地确认自己的位置，自己是谁，属于谁，老话叫人以群分，群在哪里，生活就在哪里，自然标准不一样。

（3）新的商机在同好

我们都要找到好事之徒，今天人们接受信息的方式可谓多样，谁在影响你，你在影响谁，当n个人试图在一起，必须找到一个共同的关注点，就是同好。我提醒大家一句，同好比主题更高级。

生意有大有小，思路有专有广，格局有深有浅，身在其中的我们，是否理解到，人群变了，需求变了，气质变了，感觉变了……当门外的一切都在变，老一套的方法，传统的做派，如果不能正确地认识到何为本质，就注定继续浮躁或彷徨！

总而言之，套一句俗话，这是最好的时代，也是最坏的时代，让有能力和有思想的人可以站到前台，你必须选择，要不前进，要不被淘汰！

虚拟现实（VR）将会给体育行业带来怎样的变化

2016年4月1日，淘宝推出全新购物方式Buy+。Buy+使用Virtual Reality（虚拟现实）技术，利用计算机图形系统和辅助传感器，生成可交互的三维购物环境。

一时之间，世界热议，貌似又一轮电商和实体店的血战即将拉开帷幕？然而，估计很多人说着VR，论着VR，却连VR是什么，都还没认真地了解过。所以先普及下必须知道的技术词汇：

VR，Virtual Reality，虚拟现实，简称VR技术，也叫人工环境，通俗一点描述，就是利用技术设备产生的一个三度空间的世界，提供视觉、听觉、触觉等感官的模拟，像个真实世界。

其实还有两个词，叫AR和MR，分别叫增强现实和混合现实，这两个概念，各位就自己查查吧。

技术的发展，从本质上说，就是让实现欲望的路径变短，让选择的对象变多，让占用人生的时间更少，但事实上，还会让部分人陷入沉迷，不过这是另外一个话题，此处暂不讨论。我在讲体验理论的时候，通常会提到三个标准来判断对象是否符合深刻体验关注的要求：

(1) 产品感官化；

(2) 圈层文化的建立；

(3) 表演内容的迭代。

从这个角度去看，VR的应用发展是最好的一个诠释，过去的2年，整个国际VR/AR领域，总共发生了超过225笔投资交易，总额大约35亿美金，所以，关注体育的发展，尤其是中国体育的发展，要想达到7万亿的市场规模，VR不能被忽视，虽然在其他专业的分析里都没有把体育单独地设定成VR的发展热点。但我们一起预判下，因为洞察体验，洞察消费者的行为动机，才是指引技术发展的方向，预示商业模型建立的基础。

催生新运动人口。中国的体育人口，无论是国策界定的五亿人参与，还是北京冬奥会组委会提出的2亿人上冰，不可回避的是中国的体育专业人才的缺失，如何培养足够的线下师资，如何开启新的教学互动模式，VR都是一种最易被看好的方式。无论是培养兴趣，还是引导为专业学习，VR体育之互动教育，必定是这个热点，种种便捷，诸位可以脑补下。

催发新运动参与模式。从线上到线下，从独处到群体，体育的魅力之一在于社交，故已出现的运动发展趋势，比如在线马拉松，就是一种可预见的形态，从手环到VR，一步之遥。我的体验理论是很强调五感的，所以可以预见的一种潮流，就是将自己有限的运动参与放到无限的运动社交里去，其行为方式的改变，可以附加的衍生产品更是比比皆是。或许，在未来，运动的组织形式都会发生颠覆性的变化。

催进新运动场景的消费。体育的内容，即最容易迭代的主题，赛事的直播，个人的运动视角，更容易体现代入感，抵近观赏，自主选择，是VR场景应用的核心特点，它会不会在未来改变体育运动现场的消费者行为，特别值得观察。有远在伦敦的朋友之前和我讨论是否应该关注裸眼3d的发展，其实在我看来，判断哪一个技术更有优势不是首要问题，而是技术的完整，是否能真正置换旧的功能才是最重要的判断依据。这世界本无消费，都是因为你想、你需要，才有了交易。

催动新运动设备。运动的设备正走在智能化的路上，无它，大数据可以解读运动的过程和参与者的状态，但再加上VR，其优势在于可以将数据重新组合成更有个性的人，谁能把握这一点，就能体会到无数商机的召唤，从眼镜到头盔，从局部到整体，随机而动就是下一代运动的统一特征。

体育电影产业的蓝海

2014 年以来，文化产业持续受到国家重视，国家层面已多次出台有利于文化传媒行业健康发展的政策。2014年仅财政部资金支持项目就共达800余项，诸多影视、旅游、文化出版类上市公司涵盖其中。国务院重点推进的六大消费领域中，体育、移动互联网、教育多次被领导层提及。未来的行业热点将出现在体育、营销、文化等行业当中，不断的政策扶持将有利于体育电影行业的发展。

全球每年都有大量的体育题材电影在拍摄，世界上影响力最大的奥斯卡电影节历史上，好莱坞体育题材电影也曾多次获奖。但在我国，随着国内电影市场以每年35%以上的速度增长，中国体育电影却还在原地踏步，与我国当代体育大国的身份极不相称。电影产业7万亿的市场怎么能没有体育电影的贡献？中国体育电影面临着体育电影经典少、类型少、作品少、获奖少的现实情况，据统计，在中国电影百余年历史中，体育题材电影数量只有区区几十部。

另一方面，美国体育衍生产品的收入占到70%以上，而目前我国影视项目和体育产业衍生品收入所占比例均不到10%。随着我国对体育产业及相关文化产业的政策支持，体育电影行业将会出现一个跨越式发展机遇，鼓励原创、产业集群和互联网＋产业整合。体育、文化、互联网新科技，以及跨界整合成为"十二五"后，尤其是"十三五"后的资本市场热门。

目前，我正在紧锣密鼓地筹备中国第一个体育电影产业园。2016年3月，深刻体验和铜牛集团签署了战略合作意向书，使得第一个体育电影产业国在北京拥有了一个实实在在的落地空间，占地7.8万平方米，建筑面积3.9万平方米。这个花园式的地方，必将成为迎接中国体育电影井喷发展的重要标志地。

论网红 papi 酱背后的怪诞行为学

2016年，一个之前大多数人或者说上年纪的人们都没听说过的papi酱小团队生猛地闯入我们的视线，最火爆的高潮在3月份发酵出来。罗振宇举办的广告招标会，引起无数人尖叫，因为：1 200万的投资，四天确认，有点任性；老罗投资网红，有点反差。

老罗是我的师兄，一个总是没有时间见到的师兄，不管怎么说，我认为这活干得漂亮。

我的初心是想说说"体育红"，不过如果你不思考清楚网红这个事，那未来都是东施效颦，所以，我们一起来思考几个维度的理解。

（1）网红不是新概念

你不得不佩服老罗，一句自我赋权，就激发无数人向往的愿景。今天的社会，特别喜欢讲背书，君不见，大佬们奔忙交错中，彼此的事，你中有我，我中有你。诚然，现在不讲证书，不讲资历，不过，诸君如果看不懂其实隐形的赋权形式，都自我良好地以为苍天有缝，你也将能佛光罩体，逐鹿江湖，那就惨了。网红的前身，让我想起了当年在清华论坛（bbs）上的芙蓉姐姐，让我想起了论坛里笔耕不辍的写手，让我想起了一度是一个职业的段子手，还有博客，微博上的大V们，还有那个一时必谈的词，眼球经济，甚是辛苦，江湖代代有新人，早已忘却旧人哭。所以网红换个马甲，也还是当初的那个你熟悉的家伙，是那个在互联传播世界里你最无趣需求的供应商。

（2）价格定锚，藏在现象后面的心理陷阱

门票卖8 000元，投资1 200万元，一个网红，你觉得值么？你在心里拿这个事有类比的对象么？我估计很多人在赞叹之余，肯定没有想过它类似谁，这就是我所说的场景型消费，或者说老罗设定的价格定锚。不知不觉中，你看它时，网红是一个新场景界定词，1 200万元悄悄转化了你的关注点入口，你会想这是投资啊，8 000元是心理门槛的台阶，提高了你的预期判断标准。心理学上有个专业词，叫自我羊群效应。人们基于自己先前的行为或认识去推论某个未知的事物对或不对，基于别人的行为来界定自己的判断，决定是否仿效，一旦你做完首次的决定，其后而来的系列决策判断会以合乎逻辑且前后一致的行为方式跟进，所以价格定锚由谁来，谁就拥有了起始最大权利。今天的时代，价值确认已经不是我们被灌输n年的供求关系了，我们的很多决定，不管是随性的，还是深思熟虑的，都呈现出一种新的规则，我称之为体验型定价，价格由我不由君，新事新场景。所以，当老罗说，8 000元门票是看谁有诚意的时候，要看懂，其实，悄悄的，你自己已经主动跳进一个新的坑，而且还挺高兴。

（3）网红背后的存在感是所有权的心理定位

如果说之前的旧网红拼的是脸，是胸，是大腿，现在的网红拼的是创意，是代入感，那么下一步，其实在我看来，拼的是进入大事件的机会。名人是不是网红？明星是不是网红？老罗是不是网红？其实本质上，他们都是，用个形象的比喻，一个是被人架上去的名牌网红，一个是靠自己折腾往上爬的草根网红，到了一个基本相似的阶段，网红们比的就不能只是自己的天赋了，比的就是发声权，比的就是体验感，这就是我最后提的观点，心理所有权。曾几何时，我们是仰慕名人明星的，因为他们展现的是我们内心向往而一时无法实现的期待，而现如今，我们以挑剔的姿态每日批阅蜂拥而至的内容"奏章"，挑选这符合自己心境的代言人，地位之颠倒，意味着如今的网红们不好当，因为判断信息的标准迭代得太快。

在心理所有权的学习和把握时，你会发现，身边的人有三种非理性的所有权判断标准：

一旦拥有，自己觉得选择特别对，特别英明。

一旦失去，自己特别在意失去的部分，而不是还拥有的存在。

一旦交换，自己特别希望别人认可自己附加上去的情绪和情感，还特别有价值。

回到网红的发展方向判断，我以为，下一个阶段，该到拼网红外挂的时候了：

一切不能呈现价值的网红都是假网红；

一切只关心自己天赋的网红都是虚网红；

一切没有团伙组合的网红都是伪网红。

最后，说说"体育红"，为什么中国的体育产业里，没有"体育红"，在我看来，其实一句话就能解释，能当"体育红"的人们，心里还没有真正树立起来为人民服务的意识，不过，"体育红"应该快出来了，我们一起等下，"让子弹再飞会"。

深刻思考，洞察体验时代的商机

随着互联网的发展，我们的商业环境，目标人群的消费习惯，合作伙伴的互动方式，都在发生着深刻的变化，体验时代，已经来临。

"体验经济"被誉为是继农业经济、工业经济、服务经济之后的第四个经济发展阶段。当你在研究自身业务发展遇到瓶颈，当你在观察行业发展方向有些迷惑，当你自我剖析需要新的角度，请着重关注"体验"二字。

托夫勒在20世纪70年代预言："来自消费者的压力和希望经济继续上升的人的压力——将推动技术社会朝着未来体验生产的方向发展""服务业最终还是会超过制造业的，体验生产又会超过服务业""某些行业的革命会扩展，使得它们的独家产品不是粗制滥造的商品，甚至也不是一般性的服务，而是预先安排好了的'体验'。"

不同界定导致了经济发展的形式不同。农业经济是由产品相互交换的自然性决定的；工业经济是由产品有形的标准化决定的；服务经济是指定制化的产品服务；而体验经济是指人通过体验而形成记忆的过程，从而能够在不完全改变服务经济结构的情况下，增加新的利益增长点。

为什么要重视体验？因为，产品和服务的对象，消费者的一切在发生着变化。

体验经济时代，消费者行为发生变化：

从消费结构上看，对生活必需品的追求逐渐转变为对自我价值实现的追求（情感需求和消费价值体系界定）。

从消费内容上看，以大众化需求为评判标准逐渐转变为以个性化需求为评判标准。

从价值目标上看，注重产品本身转变为注重接受产品与服务过程的感受。

从接受产品与服务的方式上看，被动地接受企业的诱导和操纵转变为主动地参与到企业的经济运行和产品的设计与制造之中。

从关注社会角度看，关注自身需求转变为既关注自身需求也关注企业社会行为过程，消费者愿意将自己的选择标准置于企业对社会的贡献条件之下。

简而言之，如果我们试图在未来的企业发展中，找到一条可以持续，可以升级，有核心竞争力的道路，请深度洞察体验时代的商机。

2016年企业运行新趋势主要有两点：

一是封闭化企业运行到开放化。非体验经济下，企业运行在封闭的经济中完成，消费者也处于无知状态下选择消费。而在体验经济下，使消费者的"体验"意识得以增强，参与度提高，去"体验"企业的真实一面。随着企业的开放程度提高，消费者对企业的信任度也有所提高，企业的品牌价值与品牌吸引力随之增强。只有优秀的企业才有能力为消费者搭建舞台，并接受消费者的检验。

另一个是创新本身，需求者为自己的产品创新。顾客在参与

"体验"事物的运行时，最希望参与的工作就是设计。顾客对所需要的商品提出形式上、功效上以及服务上的需求，顾客所参与的"产品设计"，不是从技术的角度去把握，而是从感受的角度去要求。

当我们走进体验经济时代，思考创新体验经济的运行模式，在这个过程中确认对象的渴望、提升价值链、服务经济的升级，都可以保障企业能够真正带给消费者所"期待"的感觉，使消费者在接受企业的产品与服务时有"超值"效应，驱使消费者的"选择愿望"，让消费者"难以忘怀"，从而真正驱动消费者形成购买愿望，强化需求动力，并保障需求与消费的安全，进而保障企业的经济长久运行。

以我创办的深刻体验公司为例，我们是一家国内领先研究体验经济的公司，致力于产业链提出全新的商业模式的开发与实践，着重于文体消费一线的真实观察和项目落地，擅于内容品牌的开发及资源整合，洞察商机。

7万亿的体育产业方向里的泥浆文化项目：洞察体育产业发展的方向，把握消费人群释压和社交的刚性需求，我们引入英国泥浆足球世界杯项目，开发泥浆足球中国赛本土的时尚运动赛事，2016年，将在全国布局大约10站以上的规模，覆盖影响的人群数量可以过亿。泥浆足球作为娱乐体育赛事知识产权（IP），是泥浆产业体系中的一款"爆品"项目，我们重视产权保护，拥有所有泥浆产业体系的版权开发权利。该项目的价值在于，我们可以用跨界的体验思维，不断创造新的内容，融合政府、企业和消费者的不同需求，搭建多重商机的实现平台。

在洞察体验时代的商机过程中，要找准定位，重点思考三个问题：

我是谁？

我对谁有用？

我能帮助你，之后你帮我做什么？

在体验经济理论的指导下，为消费者制定能够真正满足消费者需求的体验模式，从而赢得更好的市场效益。

体育创业中的共享经济与共情主义

在很多伙伴的帮忙下，我的创业路貌似要进入快车道，要有一些大事件发生，但我第一时间想到的是要淡定，要反思，要沉静点，思考一下哲学问题——为什么大家愿意帮助我？思以致远，翻书总结，或许理解下为什么在创业路上我们要相互帮助，我们会帮助谁，我们为何去帮助别人！洞察行为是一件有意思，也是有意义的事情。

（1）适者生存的概念，不是达尔文的专利

创业的路上，我们总被教育，这世界是残酷的，要遵循适者生存的法则。先纠正一个常识的错误，适者生存这个名词其实是个经济学语言，是19世纪英国政治哲学家赫伯特·斯宾塞提出来的，不是达尔文先生。这种强调个人主义，强调成功才是王道的观点，构建了一种态度，一种强者生存的态度，社会达尔文主义会主张自力更生和个人主义，辩证地看，我们所欣赏的事业成功，只要不是靠投机取巧，而是靠奋斗获得的成功，就应该被鼓励。这是创业路上我们对自己的要求。

创业路上，我的个人体会是，凡竞争，其最后比较的是核心能力，或许是行动，或许是思维。

（2）竞争之外，是什么能让我们活着

如果人生只有竞争，我们会始终活在紧张的节奏里。1902年，俄国的克鲁泡特金的著作《互助论》提出他的观点，人为生存而奋斗，并不是一个人对付其他人的过程，而是大伙儿一起对抗恶劣环境的过程。换句话说，集结成群，建立起一套互相帮助的体系，是一项至关重要的生存技能。群居动物必然有社会性动机，人自然不能例外。

创业的过程更是如此，靠一个人，靠一个小团队，事情是做不大的，但如果想不清楚如何去帮助，为何被帮助，就是一件很"二"的事情。其实，往本质上说，就是创业的商业模式。

（3）共享经济和共情主义的理解

我不是经济学家，不是理论学者，所以以下观点，纯属个人理解，随笔而已。先声明下，咱不装"大尾巴狼"，不谈理论，纯谈理解。

共享经济，最近火，在我看来，其去中介化和再中介化的特点，足以解释它的目的和作用，无它，互联网的发展，让信息和资源的调用有了弯道超车的可能性，有了让传统模式被颠覆的趋势。传统是什么，就是时间长了，你习惯的方式和方法，非传统是什么，就是把握住一个痛点，死命地讲不同。

回到体育创业过程中，我们所面临的挑战，或者说以我和我朋友为代表的创业者，在忙什么，为什么忙，一句话，查缺补漏换思维。

理解共享经济的价值，在于分享和分配，我的理解也是一句话，己所不长换你来，己所擅长别捣乱。如果你只是理解了共享经济的共享、分享，不理解后面的分配和再中介化，就基本属于不理解。如果体育创业，或者体育产业的发展，理解了共享经济，或许在下一阶段的高速发展期，诸位可以找到某些启迪。

共情主义，其实不是特别火的概念，但是在我看来，值得思考。

什么是共情？简单来说是让人类对别人的感受产生共鸣。可以说，人之所以为人，是因为在演化过程中学会了换位思考，学会了为别人着想，从个体变成了群体。

人类社会建立在集群的本能之上，这种本能已经存在了上百万年，不同的动物群体同样被它凝聚在一起。每个个体都不是孤立的，而是和更大的"集体"相联系。打造一个适合生活的社会，不仅需要法治与经济的驱动，同样需要一种能把更多人联系到一起的力量。它比利益和规范体现得更广泛，那就是帮助，设身处地地为他人着想，这是一种本能，也是存于个人内心的矫正标尺。正因为有共情心，无数个"我"才联系在一起，成为"我们"。这种与生俱来的能力能让人类生存其中的所有社会变得更加美好。

只有彼此学会共情，学会换位思考，帮助别人，集结成群，才能将志同道合的朋友们捆绑在一起，形成合力。

（4）共情是共享的精神表达

或许是在意失去，对于大家而言，我们习惯于将自己的创意、产品进行囤积，再将其售卖，以获得经济效益。我们习惯于存储东西，不与别人分享经验、专利、秘密，这是大部分个人、企业、机构，包括政府在内获取价值的方式。但这样做的结果会造成巨大的损失，产能过剩，资源浪费。

在这个快速变化的世界里，人人共享带来的合作能使我们以前所未有的速度、规模和品质发生改变。创造力、创新、复原力和信息冗余是每一个人人共享组织的本质特征。我们可以在这样的平台上快速地进行试验、重复、适应和发展。企业能以更节省成本、更快速的方式来解决问题，节省了大量从0到1的开拓成本。

在我们创业、发展的过程中，如果大家都有共情及共享的精神，相互纠错，相互分享，形成合力，那一定是1+1>2的，每个企业，都会实现指数级的发展。

如果我们可以靠创造来发展，靠创新来致富，靠分享来共赢，靠制度来坚定诚信，我们的未来会更美好。

最后用一种逻辑来收尾，如果一种行为，你一来我一往，平均来说或长远来看，能给动作发出者带来好处，这一行为就会被保留下来。如果社会尊重和保护这一行为模式，则动作的发出者，无论何时何地，不会纠结在最初动机是否有利于自己。

当体育撞见地产及其他，怎么找商机

在2016年5月举办的"度假地产和度假业态创新研讨会"上，我同上百位地产业的大佬和精英，畅谈了一个话题，就是运动体验改变度假地产的可能性，讲的不能说多么精彩，但是自认为很真实，效果看上去不错，原因无它，体育对于地产界的各位来说，是个新命题。

盘点下我的参会感受，或许是有意义的。

（1）有一种缺，是刚需

与会者众，目的就一个，找到有用、有效的项目。各位老总给我的统一感受是，不缺钱，不缺资源，不缺地，就缺事！其本质的原因是，原有的、常规的方法，曾经有效果、有收益的项目不好用了，大家都提到了要转型，要迎接新的挑战，这种缺内容的需求是如此强烈，参与其中感触颇深。

但是，这里面是有问题的，在深度的沟通中，我发现，各位地产界的大佬们缺的不只是内容，而是思维。

这话说得有点大，但却是我的真实感受，因为各位的目的性太直接了，就是只关注怎么能解决问题，解决如何盈利的问题，大都忽略对过程的重视，都有点喜欢拿来主义。

用收益率之类的思维去找项目，自然是只关心结果，不论出处，但是，这一种思维解决不了真正的问题，即如何建立资源的稀缺性，如何吸引明确的目标消费人群，如何打造不易被模仿盗用的品牌价值，如何拥有核心的产品或服务。非如此，何以真正盈利呢？

所以，有一种缺，叫缺思维，是刚需。

（2）有一种无，是现象

凡事做好，必有逻辑，逻辑之后就是理论，有理论，自然可以提纲挈领地看问题，分析问题。而在体育遇到地产的场景里，无理论是普遍的现象，或者说，在其他领域也是一样，大家太实际了，实际到就是买卖的关系最直接。

没有诗和远方，只有当下，没有理论支撑，只有模仿。或许这是我的一家之言，但却是真实的感受，这种无，不是说谁不专业，而是在看似专业的背后，缺少方向。

参与期间，可以感受到大家彼此交流的热情，感受到学习向上的态度。但在听闻讨论的席间，我的理解是，大家都摆出了我需要的姿态，我有什么什么，只要你有什么什么，马上就可以怎么怎么，看上去这是特别正确的交流姿态，但仔细地想一想，其实这样很难撞击出火花，落实下合作，为什么？原因无它，在更深层面，大家其实没有态度和目标。

所以，有一种无，叫缺理论，是现象。

（3）有一种空，是商机

无中可生有，空处可填白。当体育撞见地产，我此行的最大感受是，全是商机。何生此感，因为体育就像一个万能的内容，可以完全填充进地产的需要。

原因有以下几点：

第一，可以帮助明确消费人群，可以进行清晰的人物画像定位；

第二，可以搭建不同消费模式，可以增加更多的服务收益手段；

第三，可以构建全新品牌内核，可以促成不一样的内容新平台。

体育是娱乐的一部分，娱乐是地产，尤其是度假地产硬投入之后必需的软实力。可以看到的实践案例都在表明，体育旅游，要不是参与型的，要不是围观型的，都可以充分地拉动消费需求，实现一系列资源的整体联合开发。商机无限啊！

所以，有一种空，叫空白处，是商机。

用在会上没有来得及说的一个观点做结尾，可能是最适宜的。从想法到IP，从IP到购买，是两个阶段，是两种不同要求，商机都在其中，诸君自己先琢磨吧！

风来了，"猪"在哪

过去的四月，发生了很多变革性的事情，体育圈大事不断，话题多多，在最后的一周里，我去干了一件自认为最正确的事，放下工作去学习，因为风来了，人更要冷静，要去思考下更长远的路该如何走下去！

四月的前三周里，体育圈风云变幻，很多春天里的故事都有了进展，很多朋友的项目都有了投资，夏天的热浪来得有点猛！但是，风来了，"猪"在哪？它到风口了么？

（1）"猪"要有三观

人要有三观，三观不正，没有未来，"猪"更是如此！没有三观的"猪"不是好"猪"，没有正确三观的"猪"是飞不起来的"猪"。体育产业投资和发展日益火爆，要从本质上看风为什么会来，整体的国家经济形势其实不是太乐观，未来2年的实业发展将是一个转型升级的阶段，体育产业作为经济增长点的定位，消费升级的大趋势的把握，你就能看见大家在追逐什么，或者说你应该去干什么，这就是立三观的前提：

①观己身，你是谁？核心能力有没有？

②观人间，为了谁？服务对象清晰否？

③观世界，目的哪？世界那么大，你为何飘荡？

2015年，《国家体育产业统计分类》新增了三大项，体育竞赛表演活动，体育培训与教育，体育传媒与信息服务。这是代表了体育产业发展方向的引导趋势，你看懂否，千万别见字读音不动脑子，业态融合，跨界发展才是王道，因为原来的体育产业概念在变化，为何变，因为之前的方式方法不太适应当下的需求。

美国的体育产业规模在1999年排名国民经济行业第11位，2015年，排名第四位。

中国的体育产业规模，排名第60位。

美国体育产业规模庞大，远超中国，是世界体育消费的火车头。根据美国产业研究机构 Plunkett Research 的预测，2015年美国体育产业市场规模4 984亿美元，占全球总规模的33%，另据学者估算，美国体育产业增加值早在 2005 年就达到了 1 893.4亿美元。

2014年中国体育及相关产业总规模达到 13 574.71亿元人民币（约合 2100 亿美元），实现增加值 4 040.98 亿元（约合 630 亿美元，其中扣除体育用品净出口后，体育产业的增加值为 449亿美元），中国的体育消费规模远远落后于美国。

然后结论呢？自然是快努力，快奋斗，做有三观的"猪"！

（2）"猪"要有逻辑

一个在茫茫"猪"海里能让人看见的"猪"，一定是风姿卓绝，一定有特点，有自己逻辑的"猪"。

体育产业要火,人人都爱它,人人都要参合它。问题是它已经不再只是制造业,不再只是产品线,不再只是功能服务,不再只是赞助商务,不再只是很多类别。你要竞争的对手,不再只是当年在体制里混迹多年的"老江湖",不再只是传统模式里的各种伙伴,不再只是你看见的那些熟悉的面孔,而是一大堆新人,正在汹汹而来。他们举着互联网、电商、地产、服务各种名号,在他们的眼里,体育就是一片处女地,哪里有江湖道义可言。

所以,一只可以迎风而飞的"猪",你有逻辑么?

①竞赛竞技类。不管是赛事,明星运动员,还是俱乐部,这类的逻辑思维里,强调是所有权,也就是传统意义上体育项目创业的专业优势。只是我特别想说一句,定规则,尤其是定运动项目的规则,真的不是你想的那回事,也真不是当下体育从业者的优势,这是后话!

②项目原创类。依托于特定的运动类别的创新,国内国外都在不断地生成,相比较而言,如果眼睛只盯在特色传统或标新立异两个角度,就很容易在生存的最初阶段活不下去。

③娱乐体育类。体育产业娱乐化是必然趋势,但如果对娱乐的界定太窄,或者对体育娱乐的手段想得太简单,那就会形成两层皮的状态。客观上说,截至目前,大多数的所谓娱乐体育项目都是这一阶段。

④功能服务类。这一类,目前竞争最为激烈,大鱼吃小鱼,小鱼吃虾米,没有金刚钻,千万别随意。如果体育产业的发展,所谓的互联网就是一堆app,就是一堆所谓业类领先,重度垂直,那就太扯淡了。

没有逻辑的创业都是"自嗨"，没有逻辑的"猪"都是"天使猪"预备而已。我和很多伙伴在沟通中发现，敢于行而后思的是体育创业者普遍的现状，争第一，勇敢迈出第一步，绝对值得赞美。但是，真的要去想逻辑，敌无我有，敌有我精，敌精我快，最关键的是，谁是敌，谁是友，你是谁！而更要坚决想清楚的是，别用竞赛的思维去做泛娱乐化的体育项目，那必定会很艰难！

(3)"猪"要有靠山

创业是一个很寂寞的事，因为不论是个人还是团队，在真正成功实现既定目标之前，不会有太多人都无条件支持你，信任你，要不怎么叫创业呢？所以当风来时，看见别家"猪"在飞，千万别以为自己就是下一个能飞的"猪"！

遍观市场，不光是体育，哪一行的领头羊背后，不是你中有我，我中有你的状况，因为投资和市场都是逐利的，有空各位可以去研究下各种露出项目背后的人物关系，都是混血型的。

要做一头好"猪"，在选择的最初要找到几个靠山，尤其是你没有天生优势的时候，别去羡慕嫉妒恨隔壁老王的各种便利，问问自己，自己能靠谁！

①团队。创业最需要的是自省，没有团队的执行力，一切都空。

②思维。多换思想少换人，少换思想多换人。思简而专，极致而强。如果还是传统思维的话，就别创业了。

③资源。相比较而言，创业者最需要的是资源，而不是资金。我指的资源是一手的，创业的目的是能盈利，如果只是会花钱，那叫职业经理人。

还有一个很重要的工作，做好了也能算项目的靠山，就是商业模式，可以用到的工具叫画布。简单说，就是厘清自己所思所为的过程，分清主次，确认优先顺序，没有什么比能洞察自己更重要。

体育创业的几个选择题

我在创业，还在体育口，因为已经干了好几年了，一不留神，就成了业内的老人了，经常会遇到打算创业的朋友们，或者要进军体育领域的新人们，他们都在问，体育创业，你觉得怎么样？所以先聊聊体育创业会遇到的几个问题，选择完，再下结论。

若君要创业，死志先立！你有死而后生的勇气么？

1. 有。

2. 没有。

选1，可以继续；选2，可以退出。

创业的想法可以随时有，创业的决定不能随口做！在我看来，很多所谓的创业更像是投机，因为快进快出，不是真正的创业，所以那些追逐着热点，特别会说题材的主，说白了，就是骗你没商量的家伙。创业是很艰辛的事，如果你没做好心理准备，没有想到可能一个人扛所有麻烦的前提，没有想到从此家就是睡觉的旅馆，从此享受的乐趣就要与你无缘的话，创业，那还是算了吧！

我最初创业是被朋友拉下水的。一个上海男人和我说，兄弟，咱不憋屈地工作，我出钱，你自由地奔跑吧！我一冲动，就从集团副总，变成了带着一个兵起步的小公司总经理。时至今日，虽然后来发生了很多事，但还是会感谢那哥们儿，因为他生生地把我踢进了死地，不经历最痛苦的选择，就不会能硬起脊梁在今天说，我一切都可以！创业最初，真正磨练的是担当，从一个可以有退路的人变成一个只打算前进的主。

若君要创业，问己为先！你有剖析自己能力的态度么？

1. 有。

2. 没有。

选1，可以继续；选2，可以退出。

创业者有几个特别统一的特点：

善于自己给自己打鸡血；

起得比鸡早，睡得比狗晚；

说起自己的那点事，滔滔几小时可以不重样；

要能洞察自己的真正目标。

何为问己，就是不停地问自己，创业，凭什么？创业是要有自己的行为支点的。换句大白话，就是你总得有点本事，有比大多数人强的能力，不管是什么，总得有一个。很多创业的朋友在审视自己的时候，都是想当然地以为自己最强。创业最难的是初期，不是后期，所以如果你创业的激情全来自未来怎么怎么样，那么你创业就不会成功！

前一段日子，某一个体育圈里聊起体育产业的美好未来，各路英豪热情洋溢地侃着，体育+旅游，体育+文化，体育+地产，好多体育+，大家伙都在畅聊体育产业如何如何，我问了一句，体育人口怎么定义，然后话题就沉默了，什么是体育人口，这个看似更基础的问题，其实还没真正的统一新定义，所以，体育产业这个界定就其实在各说各话，听上去大家在说同一个话题，但实际不是一类。

若君要创业，团伙成事！你有创业的团伙么？

1. 有。

2. 没有。

选1，可以继续；选2，可以退出。

这已经不是一个孤胆英雄的时代了，创业比结婚更复杂，没有团队，没有背靠背的伙伴，没有能力上相互补充的能力者，创业成功几乎和你无缘。原因无它，创业的相关事务是很多的，我有时候想，自己还是很幸运的，越创业，就越相信命运的安排，贵人不常有，我总是遇到！

创业的过程，其实也是个排他的过程，你不可能和一大群人去商量，去讨论，去落实，艰苦的创业过程中，能有几个人相互信任，相互支持，相互取暖，就不错了，创业是要做实事的，不是光要嘴皮子。

有一次，另一个体育圈的朋友们说起创业，说要赶上浪来的契机，要变成风口上的"猪"，一起想到了一个好点子，就在玩笑间说集体众筹搞个项目，各家都有资源，一起码个盘，越说越兴奋，霎那间，钱，事，鸡血完全到位。其中有一位兄弟，还是个好朋友，某知名记者说："我要转型，我来挑头弄，起名字，做设计，谈结构，成立筹备组。"我没好意思泼冷水，有点激情不容易。过了几日，我问他："创业项目准备咋样了？"兄弟叹了一口气："没人真的弄，都只是说。"是的，创业哪里那么容易啊，找对人，真做事，才有可能！要不，这市场一大群投资都在问，好项目在哪里，好团队在哪里！

创业其实就是一场修心的过程，你会真切地见识到这个世界的本质，你会遭遇形形色色的人群，有人会迷茫，有人会痛苦，有人会狂热，有人会坚韧，最终，你会看见你自己，明白自己是什么样子。创业，痛且快乐着。

体育"十三五"，G点在场景化消费

一个大国和一个小国的差别，其中一点就是政策影响力。一个方向性政策的出台，能调动起多少资源，多少人心去想一类事，去干一类事，我是越来越有体会了！这几年，国内生产总值（GDP）指标慢慢不提了，因为太功利，太直接，太单一。不过，更理解市场规律的政府决策人才更厉害，大方向一定，大手一挥，引导资金一发，引来无数尖叫，我等才明了，政府才是真正的大普通合伙人（GP）。

去了D，去了P，我们来说说G，人的一生，如果不了解什么叫G点，基本属于虚度，生活如此，事业发展也如此！然而，千人不同面，万事不同G，体育发展"十三五"规划，肯定也是繁花入各眼，各有各的理解，这两天解读的人无数，我结合一线的感受，从体育创业的角度说说自己的看法。

G点的特征一，创新在于找无！

客观上说，体育产业的发展在当下是遇到了一些问题，官方说法，这是进入了改革攻坚期。

（1）体育管理体制要深化；

（2）体育社会化水平不高；

（3）基层体育组织发展滞后；

（4）公共服务体系不完善；

（5）竞技体育项目结构不合理；

（6）当下体育产业总体规模不大。

听上去基本上之前都白干了，或者说，目前的体育市场没有榜样，没有可以称为对的标准，都在摸索中，大家彼此别有什么优越感。

对于创业者来说，这就是机会，这就是体育创业的春秋战国时代。自然诸君得界定好你是诸侯，还是白丁，你是哪家哪派，还是准备另起山头，自立门户。

创新在于找无，无中生有、填补空白。几个动作得做：

（1）环顾四周，同样的事情谁在做；

（2）展望国际，相似的事情谁成功；

（3）洞察自己，核心的能力有没有。

G点的特征二，创业的在于找新场景的决定权

现在的时代，是为体验买单、为场景消费的大时代，如果你还没有抓住这个特质，那么，哥们，你要被淘汰了。

体育"十三五"，给大家描述了很多新的发展方向，但这都是宏观方向，具体到落实举措，明确到创业的入口，如果能透过现象看本质，那有闪闪发光的几个字——场景消费。政府导向的是结果，实施的是物理投入，需要市场回应的是资金和资源，但真正发

挥价值，或者说需要补充的是能力，也就是我说的体育场景消费的规划和执行能力。

对于体育产业来说，7万亿元的市场规模，怎么实现？靠传统的竞技类运动和体育制造业，显然不可能做到。用场景连接运动，创造新的消费方式，引领新的消费习惯，是体育产业创业者需要思考的问题。

场景重构体育产业新模式的核心。场景争夺成为今天体育产业升级和体育产业创新的必由之路。战略、产品、渠道、营销、流量、品牌，这些我们耳熟能详的关键词，今天都在被场景颠覆。场景能动=渠道，场景成为传播的接触点和分享的触发点。

G点的特征三，创新在于找创造场景的能力！

产业的本质是能产生价值，不然都是假大空。如何能从国家的体育产业"十三五"规划里获益，如果还是老思维，想着利用渠道和投入去获取国家补贴，就如同近来热议的新能源汽车行业政策一样，变成扶不起的阿斗。所以，诸君有创造新体育场景的能力么？

对于体育产业来说，消费者从坐在观众席上欣赏竞技类运动，到有了互动参与的需求；从单纯的运动需求到娱乐化的运动享受；从进行大众化、平民化的体育项目，到追求小众化、贵族化的独特运动体验。体育对于民众来说，由传统的运动健身，升级到了高品质生活的象征。越来越多的人，喜欢用各种不同体育场景的设计来包装自己，为自己贴上各种诸如高品质、时尚、爱运动等标签。也有越来越多的人，愿意为了健康、运动掏腰包，付出比产品本身价值要高出很多的消费。

几乎没有什么产业的消费场景，能像体育这样，拥有普适性，搭建出分门别类、跨领域的各种消费场景。同时，体育产业场景搭建的外延丰富，比如要营造一个运动场景，我们可以连接到健康膳食、可穿戴装备、VR设备、户外、旅游、组织活动、票务等太多的外延产业，这些都是可以构成消费的生意。

可以说，如果没有场景设计，那大家每天在社交平台上就没有可更新和分享的内容。场景重新构造了我们的消费方式、付费规则，也重新定义了我们的生活方式。

塑造场景化必须同时具备四个核心要素：

①体验。"体验"作为商业逻辑的首要原则，将大范围、多维度重塑和改造场景。

②链接。基于移动互联网技术和智能终端所形成的动态"链接"重构，让场景能够形成一种多元的碎片化。

③社群。社群感、亚文化形成内容的可复制能力，造成大规模传播和用户卷入感。

④数据。大数据成为量化驱动场景商业模式的底层引擎和枢纽元素。

总而言之，"十三五"的政策出台后，我特别高兴，因为我们自己具象规划的项目都踩到点上。我以为，场景消费的理解是有助于体育产业创业的同行们去思考的一个新维度。

场景重新构造了我们的消费方式、付费规则，也重新定义了我们的生活方式。而体育产业在未来的下一步就是生活方式的最主要的表达内容。

新的体验，伴随着新场景的创造；

新的需求，伴随着对新场景的洞察；

新的生活方式，也就是一种新场景的流行。

未来的运动生活图谱将由场景定义，未来的体育商业生态也将有场景搭建。换个思维看体育，可有所得？

做一个有思想执行力的人

子曰："学而不思则罔，思而不学则殆。"接下来说说游学，因为我和一帮好朋友一起去深度访问了三个不同的企业——易宝支付、凯叔讲故事和探路者。

走出去，才能看到世界的多样性；

走进去，才能洞察不同之后的统一性。

我看到的是思想执行力。

（1）做一个有思想执行力的人，首先是洞察能力。

洞察的不只是客户，更是人性，更是自己。很多的朋友都在创业，很多的企业都在竞争，市场上硝烟弥漫，人人都似乎在阐述与众不同的方向，或是在彰显自己卓而不同的见解，透过现象看本质吧。

如果不能洞察清楚自己是谁，就会迷失在"大师们"的指引下，会迷茫；如果不能洞察明确自己在哪，就会混乱在无数可能的机遇中，会投机；如果不能洞察确认自己要啥，就会纠结在或左或右的选择里，会痛苦。

洞察的过程，其实是一个自我否定，自我认可的过程，是一个寻找信心支点的过程，是一个涅槃的过程。易宝的支点是支付，链接的是资金源的多样性和支付形式的多样性；凯叔的支点是故事，链接的是儿童习惯的养成和家长自我能力补偿的需要；探路者的支点是旅行，链接的是户外的资源多路径和体育人口的社群聚集。

（2）做一个有思想执行力的人，其次是确认目的。

我们提目的，而不是说目标，因为目的高于目标，格局决定未来。游学的过程是一个审视自己，比较世界的过程，朋友们的创业都如我在路上，有困惑，有努力，有不足都是很自然的，但是在确认目的的时候，我以为很多伙伴想得太过于直接，过于目的性强。

目的能决定取舍；目的能缩小范围；目的能明确方向。易宝的目的，在于建立提供给用户的支付服务一站式解决体系；凯叔的目的，在于建立提供给用户的孩子成长问题的解决方案；探路者的目的，在于建立提供给用户的户外旅游体验的线上线下服务解决平台。

（3）做一个有思想执行力的人，再次是了解什么是场景消费。

场景消费的本质是占有时间。吴声在他的书里提到的场景的几个描述我以为还是很到位的。

①场景是最真实的以人为中心的体验细节；

②场景是一种连接方式；

③场景是价值交换方式和新生活方式的表现形式。

场景构成的五要素，时间，地点，人物，事件和连接方式，缺一不可。而是否能拥有一个新的场景，并且能有定义它的权利，其实就是当下时代发展中你能否把握商机的前提。

我天天普及体验经济理论，此次游学，很是开心，因为所访问的三家知名企业，其实他们都在践行我倡导的体验思维。

场景消费的优势，是你可以转化用户对你的单一功能诉求，有更强的情感着附；你可以界定附加值产品的边限；你可以突破自身能力的特点和上限。易宝的场景，在于基于支付交易的增值服务场景便捷调用；凯叔的场景，在于基于内容探知用户需求后的童年美好世界的习惯养成；探路者的场景，在于基于户外运动需求的中国最大的线上线下体验式旅行服务商。

做一个有思想执行力的人，听上去简单，做起来其实是很不容易的，从想到，到想通，从想通到想透，从想透到能做，从能做到做对，从做对到做好……这一路，每一个环节都是对自己的考验，也是对团队的考验，因为这世界从来不会只有一个人的力量就可以成功。

我是一个自己选择走上创业道路的人，人生不是没有可以安逸的选择，不是没有高大上的职位，而是真的在路上，去把想法，去把思想变成看得见的项目，摸得着的事情，可以独立地呈现结果，那种感觉叫自我满足，叫自我价值。

做一个有思想执行力的人，与别人唯一的不同，就是可以自豪地说那句，"兄弟，这事，我想过，我做完了"。对面的那位哪里不如你，就在于他说得最多的是，"兄弟，这事我想过"。然后呢？没有了然后！

人生或许长，人生或许短，套句广告词：I think，I do it!

这会是一个好的时代，因为一切都可能被重新界定，期待吧，一切都在变化中，你是不是也身在其中。

（本文作者系深刻体验创始人、董事长兼CEO潘浩）

下 篇

移动互联网时代的各种尝试

内地电影公司对接好莱坞大款

　　一说到好莱坞，相信很多观众会把它跟美国大片画上等号，很多电影从业者把它看作电影圣殿，不少影星把进军好莱坞作为自己的努力方向，李连杰、成龙等中国影星都进军过好莱坞。2015年中国电影公司也向好莱坞进军了，华谊兄弟宣布计划在三年内和美国好莱坞的一家电影公司合作18部电影。华谊兄弟在内地电影圈是数一数二的电影公司，先后推出过很多电影作品。华谊兄弟宣布牵手好莱坞公司之后，有人反映不理解。

　　其实，华谊兄弟这次与好莱坞不仅是合作，而且合作规模很大，三年之内合作18部电影，合作的层次很丰富，一起投资，一起发行，这对华谊兄弟是好事儿。全世界娱乐行业或者电影产业龙头就是好莱坞，好莱坞是有史以来电影产业运作最成功、最成熟的机构。华谊兄弟是中国一线公司，它跟国际一线公司合作，各方面有收益，我们开玩笑是"傍大款"，其实这是很有追求的做法。

华谊兄弟这次进军国际市场，是以投资的方式购买18部好莱坞影片的内地发行收益，涉及投资、发行、分账，还有著作权，既有面子又有里子。而这个理由也是其他中国电影公司纷纷效仿想进军好莱坞的理由。因为，国内的电影产业或者围绕着电影衍生的文化产业其实还是比较稚嫩的，像《星球大战》票房累计18亿美元，围绕衍生品45亿美元。所以国内的电影公司也要向大娱乐文化产业做，包括资本市场也对这种东西给予高的估值。某种意义上讲，这些中国电影公司或者影业公司、发行公司，通过与海外一线巨头的合作，一下子得到了整体的提升，这个对它们是非常好的机会。

除了华谊兄弟，像乐视影业、博纳影业都在进军国际市场，牵手好莱坞公司。有人说，将来在内容或者发行商获取大的提升之后，我们可能不再期待好莱坞大片，因为我们自己也能够生产出这样的大片了。

其实，《英雄》《功夫》在海外都有不错的票房，但是大多数时候，香港电影、台湾电影在海外票房一般，因为文化、编剧、节奏上有点不一样，所以很多国内电影还是着重国内市场。如今全方面合作，制片、拍摄、合作，包括演员的使用等全部打通，加上中国概念对于整个世界影业的格局也会产生一定的冲击，从目前讲应该是时间到了，很多年前，李小龙去过好莱坞，周润发、成龙也去过，他们大多是出演一两部片，或者是某种类型片，没有成为主流。这一次虽说中国影业公司不会马上打到一线，但是它的做法是对的，往产业链上游走，这对品质的控制或者对于制作的经验都有一个比较大的提升。

合作一般来说要互惠互利，中国电影公司牵手好莱坞之后可以在内容等方面得到提升，但好莱坞电影工业已经领先全球，它跟中国电影公司合作有什么实实在在的好处呢？就是看到中国内地的票房潜力巨大吗？

一方面是它们看到中国内地巨大的票房潜力和中国整个娱乐产业巨大的市场。因为美国这几年中平均一年全部的电影票房可能只有不到400亿美元，但是它带动美国娱乐产业达到5 000亿美元，全球娱乐产业达1.9万亿美元。不仅中国是新常态，全世界都是新常态，经济不景气，包括美国退出QE经济也不稳定。在这个情况下，它们对中国市场，对中国娱乐产品和电影衍生品市场、文化产品市场都有一个比较好的期待。这个时候趁着中国影业公司比它们弱的时候进行合作，它们是很欢迎的。对它们来讲，这个市场不仅仅是票房的市场，后面可能有二三十倍衍生品的空间，是中国影业公司救了好莱坞的公司。在这个情况下，我觉得它们迅速合作是大家都觉得占了便宜。就像网上的一张照片，一个穿短裤的人和一个穿羽绒服的人擦肩而过，两人都觉得自己很聪明。

现在去电影院看电影的朋友越来越多。2014年中国电影全年创造的票房是296亿，观影人次达8.3亿次，这是让世界震惊的一个增长速度。中国电影拉动全球电影的增长，各种资本和互联网以不同形式涌入，为中国电影带来源源不断资金的同时，也不断变革和颠覆电影的运作模式。这几年随着我国电影票房不断增加，我国电影工业的水平和制造团队管理水平在全球的地位与水平也有了提升。这有几个层次，第一是电影工业生产技术熟练了，但是不一定说提高多少，就像富士康的工人，装配的速度快了，但是装置东西未必有本质的提高。现在中国电影增长是一个平面上数量的增长，可能不是品质的增长，很难说电影工业在艺术追求上，甚至在商业运作程度上比以前有很大的提高。更多还是横向的，是一个人吃胖了，不算很壮。从这个角度讲，增长的空间很大，但是这也是乐观的。它只长胖，也能涨到296亿，如果品质更好，涨到1 296亿是有可能的。现在处于质量全面提升的前夜，包括从业人员、演员都在互相磨合，这个时间不会太久，大概两三年的时间。

那么，国产影片需要在哪些方面快速提升呢？我觉得软肋还是国产电影的各种基本专业普遍有缺陷，比如说编剧故事本身的合理性，很多故事本身不通，可能就是几个明星在上面串串戏。一些剧本不太令人满意，或者说剧本跟它的票房完全不对称，这是第一个。第二，电影表达的观念或者理念可能跟社会趋势有脱节，三观不正也是有的。第三，制作上的技术比较粗糙。这三个方面制约了我们中国电影往海外走。第四个，可能是节奏。举个例子，《智取威虎山》，国内观众觉得很好看，但是到海外，因为文化差别，外国人根本不知道东北胡子是什么，也不知道什么叫剿匪小分队，这些事儿比较难弄，有一个天生的隔阂在里面，这些东西是需要改善的。

这次我们的电影公司牵手好莱坞一些国际电影制作团队，真的应该好好学习一下，借鉴他们的经验。一方面学习他们整个团队的运作，包括电影怎么拍、成本怎么控制、演员占多少、技术人员多少、后期多少，他们这块很成熟，有助于减少投资的浪费，提高投资的性价比。制作上，学习他们的专业技术，例如特技的制作。还要学习他们剧本的节奏，甚至剧本里面对于人性的处理，这方面他们比较有经验，是他们过去几十年积累下来的，观众比较容易接受，这有利于形成一个很好的商业电影。另外，就是衍生产品，票房里面的植入式广告也值得我们看，因为好多国内电影的广告植入太生硬，变成看广告之余看电影。

中国电影公司牵手好莱坞后，除了向好莱坞团队学习外，也会在一定程度上影响国际市场。首先好莱坞不是铁板一块，好莱坞是一群纯正的生意人，犹太人在美国占2.5%，但是在好莱坞产业中占65%。他们天生就是逐利的，特别容易被资本影响，像《变形金刚》里面，中国广告迅速传染他们，他们接受了。

另外，他们能很快同化、消化你的能力，又能把你吸纳到他的轨迹里面去，所以中国资本与国际电影可能是一个互动的关系。现在他愿意陪你玩，看好你的市场。像王中军讲的，人家希望跟他合作，到中国市场放美国电影，让美国电影卖得更好，没有哪家美国公司主动说，把电影推到外面去，但是这个情况很快发生改变。因为对他们来讲，好莱坞也是一个层次很丰富的地方，有人是投资的，有人是混饭的，也有人在里面不断做颠覆式的创新。国内有些大互联网公司，市值百亿美元，也有美国影业公司主动找他们谈，这很现实。他们可能到时候也会为中国影业公司量身定制有市场的电影推向全球，未必是国产电影，但是里面有中国元素，可能是中国演员，可能是中国场景。这种事情会越来越多，这要看中国影业公司怎么把握，在商业博弈拉锯中能争取多少空间。

首富更迭折射中国经济变化

　　每年的富豪榜单，特别是首富们的变迁更迭，如同万花筒一般。首富榜是财经大佬不断追求的，也是百姓所要了解的。就连街头巷尾的大叔大妈们都在乐此不疲地讨论，谁又有钱了，谁成首富了，谁一直都是千年老二。对于财富的话题，人们永远有着很大的兴趣。

　　有人说首富更迭的速度实在太快了，每年一个，甚至可能都坐不满一年，不过，首富榜就是这样，如同逆水行舟，不进则退。

　　中国首富的变化速度不仅反应出商业领袖财富的变化，更代表他们引领不同时代发展的变化。说到首富排行榜，一定要说一个具有公信力的榜单。早在1999年7月19日，有个英国人叫胡润，他排出中国历史上第一份与国际接轨的财富榜单，开始的时候名字叫中国大陆五十强，现在的名字叫胡润百富榜。也是从那个时候起，中国人开始加入首富的比拼当中。

1999年首富是电影明星刘晓庆，2000年首富是中信集团荣毅仁家族，2001年首富是希望集团刘永好家族，到了2002年首富是中信泰富荣智健家族，2003年的首富是网易丁磊，2004年和2005年首富都被国美的黄光裕所拿下，到了2006年是玖龙纸业张茵，她也是首次进入首富榜的女首富。2007年的首富是碧桂园杨惠妍，2008年首富是国美黄光裕，2009年首富是比亚迪王传福，2010年首富是宗庆后家族，2011年首富是三一重工梁稳根，2012年首富是娃哈哈宗庆后，2013年首富是大连万达王健林，2014年首富是腾讯控股马化腾，2014年底到2015年初的首富是阿里巴巴马云，2015年刚刚从马云手里夺下首富的是汉能集团李河君。

每一个首富在形成的时候，其实都是一个产业最兴盛的时候。有一个大体的变化，从最早刘晓庆、荣毅仁到中期的IT精英，再到近几年饮料大王宗庆后、地产大鳄王健林以及现在荣登宝座的马云、李河君等。随着中国时代的变迁，首富也在不断变化，从这其中我们看得出中国经济这些年的发展脉络。在不同的时间段，从中细细品，能发现一些规律。比方说1999年到2002年，这个时期是利用改革契机创造财富的时代，简单说那个时期你只要适应潮流，就能获得国家的支持，积累不少资本。这一时期企业家的财富积累方式，或者说命运的划分更多与体制改革因素息息相关。比如说2001年中国首富中信集团荣毅仁家族，荣毅仁当时是国家副主席，所以近水楼台先得月，但是他是标准的红色资本家。再比方说2001年中国首富希望集团的刘永好家族，虽然当时希望集团并不是根正苗红的政界人士创办的，是带着泥土气息的大公司，但是赶上了好时候。那个时候中国想要加入世界贸易组织（WTO），为了确保粮食安全，国家支农资金绝大部分流向涉农企业。希望集团赶上政府的政策红利，成为当时拥有10亿美元、中国最大的私营企业之一。

从两个例子中不难看出，无论是荣毅仁还是刘永好的成功，都离不开当时时代发展的一个大背景，只要抓住这个机遇，就有可能成功。

时间跨越到2003年到2005年，这个时期是利用与国际接轨和城市化进程创富的时代。这个进程当中，国际化和城市化速度都明显加快，人们更加大胆地投资。三年的时间中出现了两位首富，一个是2003年的首富——网易的丁磊，一个是蝉联2004年和2005年两年的首富国美黄光裕。

丁磊的成功出乎很多人的意料，因为他当时花了一年半的时间，成为纳斯达克的传奇，堪称纳斯达克第一股，从0.95美元到70美元的增长被所有人称为股价的奇迹，而丁磊成功的同时刚好证明中国IT业的迅速崛起。当时其实有不少美国IT精英开始回国创业，只是最后丁磊代表这一行业登顶财富的巅峰，这是中国IT业的第一代。

在互联网发展的同一时期，电器类也在不断地发展，消费结构在慢慢地发生着变化，于是有了蝉联2004年到2005年两年的中国首富国美黄光裕。随着城市化进程的推进，各类家电卖场像雨后春笋一般出现了，其中要数黄光裕最具有战略眼光和最懂资本运作。所以短短几年时间黄光裕就攻城略地，登顶首富并且蝉联，当时黄光裕身家达到105亿元。

很多人有印象，当时凌晨12点钟去某一个家电卖场排队抢特价商品的场面，现在白天抢都不如当年了。当然，时代的发展不会因为个人改变和停滞，所以黄光裕没能蝉联首富宝座第三年。因为那个时候时代有了大的发展和变化，2006年到2008年间，利用资本市场和金融市场创造财富的时代到了。

这个时期算是中国企业发展史上非常有趣的年代。因为在这几年当中，中国企业的发展可以说是最快速的，各种类型的企业都冒出来了。聪明的企业家关注商业模式的变革，理智的企业家以稳健为核心理念，有远见的企业家关注未来趋势，莽撞的、盲目乐观的人只有盛世万象和遍地黄金。

这些现象的产生和资本市场密不可分，2006年到2008年这几年是中国股市最火的时期，各路资本大鳄展现神乎其神的"财技"。买壳上市，注入资产，剥离资产，股票就像橡皮泥，他们攥在手里想怎么捏就怎么捏。而股市里的财富似乎可以这样无限地上涨，而这个时期首富的更迭和A股走势一样，频率高，寿命短。

2007年A股气势如虹，冲破6 000点，许多股票一年就翻了几十倍。那一年碧桂园的杨国强将股份转给女儿杨惠妍，她以1 300亿元身家成为中国女富豪，当时她只有26岁。

股市的大浪潮在2009年退下了，投资者是理性的，创业者不再抱有一夜暴富的想法了。从2009年开始到今天，我们将其划分为另外一个时代，叫利用消费结构变化和经济支持创造财富的时代。

2009年是中国汽车销售增长最快的一年，增速高达51%，这意味着中国消费结构加速中产化，中产阶级迅速崛起，逐渐成为中国消费经济的脊柱。从2009年开始，中产阶级家庭开始迅速增长，汽车、智能手机等成为中产阶级的标配。我们发现各种各样的生活消费结构的变更开始了，所以汽车业的王传福和腾讯马化腾相继登顶首富宝座可以说是水到渠成的。中产家庭多了，当然拉动国内房地产的重生，这其中三一重工的梁稳根和商业地产之王大连万达的王健林慢慢就成了地产行业的领头羊。

后来随着车、房、手机一一实现，如今大家更多地开始追求生活上的舒适，这个时候我们必须要提一个人，就是马云。随着2014年9月阿里巴巴在美国成功上市，马云的财富总额达到286亿美元，成为中国首富，甚至超过香港首富李嘉诚，问鼎亚洲首富。

可是在马云没有稳坐首富宝座的时候，2015年刚刚开始，就被李河君拉下来了。马云的淘宝几乎无人不知，无人不晓，但李河君的汉能控股集团大家知道的并不多。

纵观十多年的首富变迁，我们不仅看到哪个企业家资产在不断增长、哪个行业是国家着重给予支持的，更可以看透中国经济结构的调整、升级和未来的一种趋势。房地产、IT、家电和能源等是绝大多数中国富豪的发家之地，占比高达百分之七八十。改革开放的体制红利、加入WTO、国际化、城市化、工业化、股票市场爆发等都为财富创造提供了原动力。

其实，无论是农民企业家刘永好、制造业大亨张茵，还是造车的王传福、卖水的宗庆后，大多都是草根创业当中的佼佼者。当然这些首富还有一个共同的名字叫民营企业家。他们通过个人的努力，白手起家创造了企业，几经坎坷，成为所在产业当中数一数二的企业家，而他们的财富是更具实业属性的。

如今我们回头看这些首富们的成长史，不难发现，他们的身上都带着改变和创新的中国特色。他们也都不可避免影响和推动中国经济不断发展和变革，就像我们常说的那句话，"数风流人物，还看今朝"。

过去十多年中国首富几乎一年一换,这和美国的情况相比天差地别,在美国,比尔盖茨和巴菲特都是久居首富榜的。那么,为什么中国会出现短时间更替的情况呢?

这个问题其实讨论很多年,一个是制榜者的技巧。胡润先生每年的榜都是更替的,很多榜单和数字不是一个完全精确的东西,很多时候是胡润先生为了让这个榜更优化,所以不断地变。另外每个行业有一个行业的趋势在起伏。这两个原因都有。中国是全世界最大的产业变化试验田,不断有人跑出来也正常,这是人类史上没有出现过,以后也不会出现的,这是二三十年的壮观景象。

这些荣登榜单的企业家跟对了潮流,抓住了机遇,更重要的是他们运气比较好,他们很多都是一群人里面剩下来的一个人,也可能是几十个行业里面剩下行业的成功人士。

商业是少数人的成功史,大多人想的都是错的,幸存者就是成功者,是绝对正确的。成功者怎么讲都对,但是重复他们很难。

有人说,很多首富未来发展不是太好,从巅峰下来很难有第二次辉煌。我认为,传统行业的首富很难有第二次辉煌,像制造业、房地产业等,但是IT行业会有。像李彦宏很早以前也是首富,后来又回来了,包括马化腾。互联网行业有强烈的弹性,而别的行业不会有。

未来发展前景比较大,会把行业领头人推向首富宝座的领域是互联网跟移动互联网,传统领域再出现一个巨头或者再催生新故事的可能性很小,有的话也是传统产业跟互联网结合才会有巨大的生机,这是大概率事件。别的传统行业偶尔有,一些大家看不见的地方有一两个跑出来,但是很难成为首富。

曾经起舞的"大象"IBM 如何转型

　　2015年10月关于IBM的两条新闻非常惹眼。第一条是这家科技界的巨头公司已经连续第14次季报公布营收下降，前景似乎蒙上一层阴影；第二条是尽管公司业绩下滑，并且股神巴菲特所持IBM股票的市值蒸发近7亿美元，但股神仍是泰然处之，并在之前表示长期投资IBM能够获得可观回报。作为科技界巨头，IBM公司这三年的业绩为什么一直是处于下滑状态呢？其实，不仅是IBM，所有的国际公司业绩一下滑，问题基本上都出自金砖国家，包括巴西、俄罗斯、印度和中国这几个新兴市场，IBM在这几国的营业收入总共下降了30%。对于这样一个大规模的公司来讲，这是一个很大的打击。IBM经过几次转型之后，一半的业务收入来自海外，在这个情况下，海外市场的变化给它带来的打击特别直观、凶悍。当然，像货币波动、咨询业务和存储业务的疲软也是它营业收入下降的一个重要原因。

IBM公司当初的转型导致了连续三年的业绩下滑，IBM公司的新业务也许还不能替代传统业务产生的利润空间。现在我们审视一下IBM公司的转型之路发现，提到IBM公司，大家想到的还是电脑。之前IBM公司在电脑领域可以算得上是蓝色巨人，发展势头相当不错，为什么在这个传统业务发展相对成熟的时候，公司开始走上转型之路了呢？

IBM的江湖地位很高。外资公司中唯一能够用"伟大"来形容的就是IBM。因为从某种意义上讲，IBM跟巴菲特的地位是一样的。巴菲特经历了美国二战之后，一直到20世纪六七十年代的婴儿潮，到八九十年代的经济起飞，再到最近IT互联网的信息化革命，已历经四个朝代。而IBM正好是这四个朝代里面的一棵常青树，用娱乐圈的说法，它就是"德艺双馨"。所以IBM带给大家的东西特别震撼。它也是唯一能够转型的，别的公司可能在转型里都被消灭了。在这个情况下，IBM的转型之路，对它来讲是"大公司有转型基因"，这是很高的评价。最经典的IBM前任董事长Gerstner说"大象可以跳舞"，也是由它八九十年代的那一次转型开始。IBM的转型一直都在进行，大概十年八年就转一次，从这个角度来讲，比起其他公司，它确实比较有进取心。

IBM从十几年前就开始谋划转型，但正式转型的结点是2005年IBM把PC业务以17.5亿美元的价格卖给联想，当时这件事情还引起了很大的争论。当年的联想想向服务转型，但是转型的结果不太好。当时那个FM365，请谢霆锋做的广告覆盖一条长安街，结果都不行。于是联想就做了一个痛苦的决定，把往服务那边转型的努力转回来，把IBM的个人电脑拉进来。IBM当时也下了一个很大的决心，彻底把个人电脑——它起家的本领转移出来，全面转向服务那边。但现在联想遇到了一个重大关口，IBM同样也遇到一个重大的关口。商业历史是一个循环，当年两者的选择，貌似都是双赢的，但是10年后，又回到那个原点，大家又要重新做选择了。

外界一直认为，IBM是一家有转型基因的公司，但是从现在的季报当中可以看到，公司业绩并没有更上一层楼。现在来看，这个曾经被称为"蓝色巨人"的IBM公司，要从卖低利润硬件转型卖软件，做服务的意图已经是路人皆知了，同时，也是困难重重。其中一方面原因是在新领域面临的竞争对手更强，比如它现在转型的新兴战略业务群，包括了云服务、移动端、大数据、社交和安全软件，它一上去，每一个环节里都已经有巨头，而且是很年轻的巨头。在投资市场，巴菲特80多岁了，他面对一个20多岁的年轻人，他可以有经验、有资本，但是面对这样一种市场的时候，IBM面对年轻的巨头就有些悲壮的色彩，特别是像IBM跟Facebook、推特比起来，那些都是它"孙子的儿子"，是它的"第四代人"。IBM特别像一个瑞典的乒乓球手瓦尔德内尔，中国跟他对战的，至少有五代世界冠军，他三十七八岁还在打。我觉得IBM就是这么一个很悲壮的角色。瓦尔德内尔在中国有很多球迷，他在球场上已经看得太多，也已经习惯了。IBM在美国也是这么一个性质，其实骨子里，我们一方面可以说它是善于转变，有革新的机遇，另外一方面，其实它是一个机会主义者。它为什么抛售很低利润率的硬件？其实它当年进入那个行业的时候是很赚钱的，IBM是做硬件的祖宗，惠普那时候挑战的"邪恶老大哥"其实就是IBM，包括1984年苹果的广告，里面打的那个电视机也是IBM的，包括微软，它全面反攻打的也是IBM。IBM已经跟所有的创新公司都对垒了一轮，到了第四代的时候，遇到新的Facebook、推特、谷歌这些公司的时候，就表现出抵挡不住的势头。包括云计算，它面对的是亚马逊。亚马逊是一个什么样的公司？是一个连续亏损了20年的公司。这样的公司在过去的人类商业历史上是不可能存在的，但是它在新经济、在信息革命时代，又变得特别有竞争力。IBM面对这群人的时候，一方面是对手太强，另外一方面，从某种意义上讲它就像一个油井一样，内在的核心动力可能已经接近一个临界点了。所以这一次转型不一定能很容易转过去。

新闻说"IT巨头的寒冬到来了"，而且眼下传统IT行业公司都在云计算方面布局，无论是IBM公司还是行业内其他竞争对手，似乎都在寻求一个解决方式。所以可以说，IBM面临的困局在一定程度上也能够代表其他IT巨头同样面临的一些困境。

比起其他IT巨头来讲，IBM本身的体量够大。它的基础更好、消费者培育得更忠诚，包括它的整个系统，做的东西都很强。所以像诺基亚、惠普、戴尔这种公司没有能用"伟大"来形容。但是IBM已经孵化和养育出了很多小的公司，从这个角度讲，它面临的困境比别人的困境更深。但是从体制上讲，也是更有"可能"，或者我们换一个角度讲，假如IBM这样的巨头在寒冬里面都调整不过来的话，别的公司可能会比它更危险。从这个角度讲，IBM面临的是怎么跟自己竞争、如何自己调整，外部环境已经改变不了了，能解决的就是自己的问题。

IBM公司虽然目前面临不少困境，但是依然拥有不少粉丝和拥趸。这些粉丝和拥趸中最有名的可能就是股神巴菲特，在职业生涯中从没有投资过科技股的巴菲特在2011年宣布开始建仓IBM股票，并且在2015年第一季度和第三季度再次购入股票。但是不太争气的IBM，好像没有给巴菲特太多回报，反而还让他损失了大约7亿美元。不过，股神就是股神，依然泰然处之。巴菲特连续逆势增持IBM公司股票让人很不解，股神到底是相中了IBM公司的哪点呢？

因为他们是同一代人，他对IBM有复杂的情感。就像雷军跟陈年、柳传志跟杨元庆、王石跟郁亮一样，他们有独特的感情，有独特的判断。巴菲特是看着IBM从那个时代过来的，相信它在这个所谓风大浪大的转变之中有自己的能力。他投资IBM的时候列了几个原因：第一，他相信IBM的管理艺术。这与其说是他相信IBM的管理艺术，不如说是他相信他们那一代人的智慧。他觉得"我们还行"，就跟《终结者》最新那一期中施瓦辛格讲的，"我们老了，但是还有用"，他已经不再讲以前那个"I will be back"了。第二，他相信IBM公司有能力实现五年目标，当然IBM自己后来也放弃了，但巴菲特不同于我们普通股民。我们都在说巴菲特是股神，其实，有一个可能大家不愿意听到的消息，巴菲特不是看公开信息来判断一个股票的。他主要凭借对一个公司、一个股票公司董事会的了解来进行甄别。当然我们不能说这是内幕交易，但他会了解到各种侧面的信息，来增强他的判断。比如说IBM在政府和企业的高端客户中生根多年，据此巴菲特判断它们的业务有连续的稳定性。这个就是财务报表上看不到的，甚至在公开的分析师报告里面大家也不愿意明提，因为这个东西很敏感。或者某种意义上讲，IBM就相当于美国的央企，所以它的政府跟企业里面的高端客户，特别是牵涉到安全、牵涉到所谓重要资讯的那部分硬件和解决方案，会优先选择IBM，但这个问题谁也不会去捅破。当然，一个很现实的问题就是巴菲特80多岁了，"你也别跟我说虚的，钱最重要"。IBM连续10年每个季度都有股息派发，都有现金分红，对巴老来讲，也觉得这个公司好。甜言蜜语没用，有现金是最大的理由。所以巴菲特看好它的理由都是很古典、很传统的，他不作牵涉技术，不牵涉业务的一些具体评价。这种说法对不对呢？至少在2012年之前的那个世界里面，都是对的。但这三四年变化这么大，特别是中国的阿里巴巴一上市，已经成为了互联网公司世界上头五大，在整个版图生态已经变化的情况下巴菲特还行不行，其实我们都很关心。现在已经不是IBM行不行的问题，是巴菲特行不行的问题。

有人问，透过股神巴菲特对IBM公司的坚定信心，是不是可以判断，IBM公司已经拿出了一个非常好的应对方案，来给所有的参与者吃颗定心丸呢？

我们可以这么看，现在在互联网时代，特别是移动互联网时代，形势已经发生变化，没有哪家公司敢说自己有最好的方案，但肯定是它在目前情况下觉得最合适的方案，就是它肯定会用尽浑身解数、使出所有的潜力来做。从这个角度来讲，参与者现在就要做一个考验自己的判断了。就是人家"贪婪的时候恐惧，恐惧的时候贪婪"。那现在已经开始恐惧了，你应不应该贪婪呢？这是对人性永恒的考验，它已经不是一个商业的方案。IBM转型行不行，这一次转型能不能过去，可能几年之后才看得见。它有可能成，有可能不成。这个时候你是不是一个伟大的投资者，或者你能不能够战胜市场，就看在这里下的判断了。

目前，这些场景是IBM致力的方向，比如说耗费巨资研发的超级计算机沃森，不仅有望帮助医生提高计算能力，进而有望治疗癌症，帮助厨师设计同时满足不同人营养和口味需求的食谱，甚至可以为华尔街那些投资者分析复杂的金融市场趋势。听起来感觉还不错，但是要继续快速地在转型路上飞奔，IBM还应该怎样解决目前所面临的问题呢？

中国的资本市场、美国的资本市场，中国的制造业公司、美国的制造业公司都需要"爱迪生"，需要有发明创造——能改变现在的生产效率跟生产方式的。所以上面说的食谱也好、治疗癌症也好、分析复杂的金融市场趋势等这些需求，都是服务。而这个服务是它过去20年来已经不断在用的，就是彻底卖给联想PC业务之前的10年已经在转了。跟联想交易那次是个标志，这10年转得很好，日子很好过，但是又面临这个关口的时候，可能需要力度更大的发明。得把它的IBM精神发挥出来，把四五十年前真正开创计算机世界、打造硬件王国的魄力拿出来，可能才能解决问题。光是在靠服务的小打小闹，或者服务方面的小更新、微创新，是解决不了现在的困境的。

那么，IBM还能够再度起舞吗？我觉得谨慎乐观。它已经是所有互联网公司包括美国的科技公司中，这半个世纪以来卖相最好、最有潜力的一家。如果它都转不了，可能其他公司就更不可能转了。从这个角度讲，还没有看到它有具体清晰的路数，包括云计算等其实都是年轻人玩的事。它还是要做回自己，"以正合、以奇胜"，就是堂堂正正的美国企业要去做的开拓事务、要去做的改变，这可能更合适一点。而其他那些Facebook的年轻人能干的、苹果能干的、亚马逊能干的事情，IBM可能不一定要去跟它们拼，IBM要去做更难的事。它的体量跟系统，包括它的人才组织，是可以做这个事的。比如惠普，我们从来不会希望它干这些事，因为它从来就不是这种"正规军"，不适合打这种决定性战役。从这个角度看，IBM还是有潜力的。

它还是要重新回到原来的起点，再次出发。IBM内部已经有各种业务，它只是在里面取舍。它当年切掉了硬件，切掉了软件，现在服务再续，它慢慢做完减法之后，能做的事情就非常清楚。而且它里面现成就会有东西、有这样的业务可做。IBM现在需要的是做减法，比如有38万员工，如果能减成8万员工，它未来会是一个很有竞争力的公司。

分拆"恐龙"——惠普

    2015年以来，越来越多的企业业绩下滑，而这些企业往往都是行业巨头，或者说业绩下滑对它们而言是一件不可思议的事情。比方说惠普公司，作为PC、打印机、服务器领域的科技巨头，如今也走进了业绩持续下滑的通道。惠普公司公布的2015年第三季度财务报表显示，其营业收入和净利润双双同比出现下滑。这也是在过去四个财年当中，惠普营业收入第15次同比下滑。

    惠普公司曾经创造过辉煌的历史，在当时的科技世界里占据着重要的位置，用个不太恰当但是帮助大家思考的比喻，惠普相当于今天的苹果。惠普的车库文化曾经鼓舞了整个美国科技界跟硅谷文化界，包括后来的facebook等都有惠普当年成长的影子。当年惠普有很好的企业文化：由小到大，从无到有，有很多创新、很多发明。

它特别在硬件方面颇有建树，包括打印机，当年中国有一款叫做P6的打印机风靡大江南北，跟流行曲一样，中小企业里面家家都用。

惠普在硬件方面，包括笔记本电脑、打印机这一块有很多的创新，很适合商用。举个例子，香奈儿发明了"A"字小黑裙，让所有的职场女性着装多了一个选择。而惠普的硬件就相当于20世纪70~80年代所有的科技应用的先锋，科技的商务应用变得好用就是由惠普开创的。在很久以前，惠普的产品是代表领先、代表很有创意的东西，诺基亚提出科技以人为本都是后面很久的事，所以我们看到，那个时候它的硬件市场很好，还能把康柏收购下来，当时的惠普如日中天。

但是惠普现在的情况可以用"凄凉"这个词形容，四个财年16个财务季里面，有15次同比下滑，比以前回落了20%~30%。这对于科技巨头来说可能都能不能叫不可思议，甚至叫做不能接受。这样的体量出现持续下滑，意味着市场对它们已经开始有点儿绝望。

惠普公司盈利持续下降，随之而来就是裁员风波。惠普裁员计划从2012年开始起动，现在规模进一步扩大，近日惠普公司的首席财务官宣布公司再裁员5%，就是说裁员规模超过5.5万人。大公司一旦业绩下滑，首先想到的就是裁员。这是他们的一个标准动作，这个标准动作也对，也不对。说它对是因为首先把业绩弄上去挺辛苦，但是直接减少人力成本、减少投入，是管理型、官僚型CEO首先做的事，效果立竿见影。但长远来讲，裁员不解决根本问题，对于这样一个科技公司来讲，首先要解决的问题是成长，不长就会掉。对它来讲，裁员只是解决它成本的问题，但是解决不了增长的问题。所以裁员与摆脱困境有必然联系，但这个必然联系是低层次的，长远来讲靠裁员应对危机是不对的。但是资本市场有时候也很短视，只要财务报表好看。比如说基金经理觉得CEO至少在做事，或者做一些他们认可的事，他会比较喜欢，但事实上这对于一个公司的长远前途来讲未必是好事儿。

如今，虽然惠普仍然是世界科技巨头，但其背后是"裁员"，是惠普业绩长期疲弱的现实，特别是从2011年前任CEO李艾科下台到现任CEO惠特曼上台，再到现在惠普进入一个持续下滑的通道。那么究竟是什么导致惠普出现现在这样一个窘境，管理者是不是要负很大的责任呢？

从目前看，像惠普这种体量的公司出现问题一定是CEO或者董事会层面出了问题。因为所有世界级大公司都有一个问题，随着不断发展，原始的文化——用我们现在很矫情的一个词叫"初心"，都会被冲淡，两位创始人包括他们的后人前几年在董事会里面也慢慢边缘化了。传统的惠普是个很有人情味的公司，裁员对他们来讲是违反企业文化、违反基本价值观的事，但这些都是小事。很多人觉得，惠普最大的问题是它在并购了康柏之后成为全球最大的笔记本硬件生产商时，就没有了方向。当跑到第一的时候，像博尔特，前面没有人可以追了，反而就没了方向。所以惠普有这个问题，在摇摆，结果又遇到市场向移动互联网转型，特别是还有女总裁奥菲丽娜风光一时地并购康柏电脑，所有世纪大并购后面都有漫长的消化期。后来惠普CEO换成了赫德，赫德又私生活不太检点，因为别的事被赶下台。结果就变成董事会、高管之中不断进行内讧，谁也不服谁，谁也看不上谁，谁都觉得自己牛。最后，惠普变成一个巨无霸公司，像恐龙一样迟钝，脚踩到了一根钉子，反应到大脑要几十分钟。公司没有一个强有力甚至独裁的头脑在做决定，这就导致公司的核心产品也好，各个业务也好，都在互相掣肘，没有突出的要点。通过这些我们明显看出，惠普是一个巨型恐龙，但是没有方向，只在原地踏步。

过去三年来，我们做财经节目通常举三头"恐龙"的迟钝例子，一个是微软、一个是诺基亚，还有一个就是惠普。因为它们这种公司都有这个问题。只要说这几家公司，把它们举为一个错误例子，肯定不会错："你看惠普这么做，你不效仿它这么做就行了。"但是有时候变成这么一个标杆，很绝望。看着一个庞大的公司走向一个错误，但是它自己没有办法扭转。

所以说，裁员不能解决问题，裁员只是治标不治本，是不太好的选择里面的一种。裁员对于任何一个公司来讲都不太有用，世界上没有哪个公司是靠裁员把自己拯救了的。惠普明显是规模太大，大到一定程度，由规模经济变为规模不经济。在规模效应递减的时候，裁员有可能帮助缩减规模，但是它必须有自己内生性的生产力，或者有自己发自内部的创造力，这才能解决问题，否则再裁下去也不能解决问题。

解决问题的关键是要提升核心竞争力。除了裁员一些常规措施，惠普也采取了一些新的措施，比如2014年10月做出一个大胆决定，宣布将公司一分为二，成为两家独立上市公司——惠普公司和惠普企业，分别承接惠普PC和打印机业务，以及企业级业务。那么，这个拆分计划能不能扭转业绩下滑的趋势呢？

我认为，不管能不能扭转都要这么做，因为惠普已经是人类商业史上或者互联网历史上的一个超大的企业，已经面临规模不经济的问题。所有大企业都应该分拆，分拆之后的企业才能有真正的活力。

惠普里面有很多高人，过去有，现在也有，未来可能还会有。像苹果的触控界面，都是乔布斯在惠普办公室里面看见，紧接着连夜赶回家去拉着兄弟们模仿的。惠普内部有很多知识，但是它的体制让很多人不能够发挥。在这种情况下，分成两家独立上市公司绝对是正确的，而且应该分得更多一点。其实惠普有很多研究，包括大数据、人工智能，听上去其他前沿公司在做的事儿，它也在做，而且它在这些方面的人才储备或者研究方向未必做得很少，但是在一个庞大的，特别是在以卖打印机的人作为主要话语权的氛围里，它没有机会展现自己另一面的价值。从这个角度来讲，惠普公司继续拆是好事。而且，分拆也不会增加人力、物力成本，除了要招HR，别的都不需要招。像惠普这种公司人非常多，多到什么程度呢？我们以前开玩笑说，美国500强大公司里面，砍掉一半人，效率会更高。其实，公司知道肯定有一半是多余的，但看着好像谁都很努力，好像谁都很勤奋，不知道该砍哪一半人，这是很痛苦的。所有官僚体制公司都有这种毛病。

那么，惠普如何把握如今的移动互联时代的机遇，进而扭转业绩持续下滑的局面呢？

第一点是组织架构要成长，在移动互联网时代，不仅信息是碎片化，组织也应该这么变。2015年3月份后，我国有一个很有名的概念叫"互联网+"。其实对于惠普公司来讲，越是庞大，越要"加"互联网。惠普的强项其实是硬件，但硬件一拆，生产全世界最牛的是富士康，软件是微软的，CPU是英特尔的，它做的就是一个渠道。

我们可以大胆一点讲，惠普就是一个组装机器的国美和苏宁，所以惠普又一下子回到车库的本质了。这么听上去，惠普并不高大上，或者在互联网时代甚至就是要被美国的"马云"、美国的"雷军"这群人颠覆超越的对象。所以，对惠普来讲，首先是组织架构要成长，我上面说的分拆不是开玩笑，如果把它分成两个不够，分成八个、十六个，说不定更有价值。这一群"小惠普"加起来的市值一定比现在的惠普市值大得多。

第二点，惠普必须分拆才能解决官僚的问题。举个例子，一二十年前做咨询，很多中国民营企业会告诉你，它们一定能战胜这一领域的外资对手的理由是，一个部门经理住在中国，不仅薪水要比中国的经理贵，就连老婆、孩子夏天到中国来回的机票都要给他报销。外资公司一个高管的成本可能是国内高管的20~30倍，这样的竞争力是不能持久的。所以回头看，过去几年，所有的外资公司在中国几乎都被打败了，不仅如此，他们在本土也会遇到很多小公司、新出现的公司的挑战。很多企业文化都是老的，老一辈的美国公司跟不上潮流。这也是两代人的事，特别像这种公司又必须吸引年轻人加入，它要去接纳更多不同的企业文化、不同的东西。这对于硬件型公司，无论是惠普，还是戴尔，都很重要。戴尔还私有化了。它前几年就发现了这个问题，但是戴尔创办人很年轻，本身还是有很多动力，还有很多商业模式的变化。像我们国内的联想也有这个问题，是国内最大的硬件公司，但它的利润也很薄，遭遇很大的难题，有很多挑战是世界性的。

在这个情况下，惠普必须做一些选择，不可能还靠硬件，硬件的好时代已经过去了，必须像冯仑讲的，要学会"吃软饭"，要在别的方面进行变革。但是像这种公司包括国际五百强或者五十强、头十强，是做不了服务的，因为高管拿惯了高薪，习惯了开会，每个事情后面有无数个助理，每一个流程有多少人盖章，都是电子邮件的文化，让它做服务，对它来讲还不如退休。所以这种公司必须做的就是分拆，像任正非讲的，让一线听到炮火的美国年轻人去干，我觉得可能会好一点。但是美国商业文化又有一个好处，它的新陈代谢很快，老的官僚或者老一辈CEO淘汰率很高，这方面我倒觉得不用替它担心。我觉得它一直拆下去，一定有未来。而且美国资本市场也是快速反应的。它很快，比如换了新的人、新的业务以后，会给出另外的估值。所有美国的硬件公司都需要有这么一个过程。

目前，在网络设备市场上，思科是领导者，在服务器存储市场上，联想和戴尔都在扩大它们自身的市场份额，惠普的前景则并不太明朗。而在软件业务上，惠普的规模仍然很小，而且面临甲骨文等一些企业的挤压。在这样一个时代当中，惠普看上去是前无去路了，但其实它真正可以做的事，一个是分拆，一个是鼓励内部创业，把内部新一辈人的创新创意都激活起来，变成惠普控股，不断投资年轻人。说白了，刚才说的事它都不能做了，现在再做也来不及了，不如利用它的技术，利用它作为一个平台，去孵化出更多的东西。像联想有一个联想投资就是这样，惠普甚至以后可以把技术跟农业结合、跟广播结合、跟图书结合，彻底不做服务器，或者不再单纯做服务器，而是做产业平台。这还是有机会的，也是未来发展的方向。

三星手机为何遭遇滑铁卢

　　说到三星手机，大家很熟悉，身边很多朋友正在使用。不过，它尽管占据智能手机出货量的头把交椅，但已经显露出了疲态。2015年季报显示，三星公司的手机业务利润在2015年二季度狂降到了四成。一年前，手机业务是三星盘子里面最强大的吸金器，如今这个手机巨头却在二季度出现业绩下滑。

　　这是为什么呢？第一，之前苹果手机的屏幕小，而三星手机靠大屏吸引了很多女性用户。现在库克也推出了大屏手机，两者价格差不多，但苹果的用户体验明显比三星强，苹果6出来就抢了三星的用户。第二，三星推出的新品很多，但是没有得到市场的认可，可以说浪花没怎么出现就被抹掉了。第三，曲面屏的生产难度比较大，当时三星为了抢市场，可能没搞完就推出来。推出来后，一开始市场需要的时候，三星供货不足，市场的兴奋点很快就转移了，这个情况下问题比较大。最重要的一个原因是中国内地用户2015年疯狂地爱上了国产手机，因为同等价位，三星手机跟国产手机比起来明显没有优势，很多国产智能手机售价不到两千元，而类似规格的三星产品起码要三千元起。而且小米或者其他国产手机厂商，在使价格保持优势的同时，也在软件上比方说安卓系统，不断提升自己。在这方面，三星也做了相应的努力，但效果确实不好。只能这么说，我们中国人研究手机操作系统已经到了登峰造极的程度，不是水平好坏高低的问题，是太多人热衷这些rom（只读内存镜像）的开发。韩国人、日本人在这方面没有我们这么爱好跟沉迷，也没有那么多粉丝。

三星能在这么多年的激烈竞争中取得发展，还取得一些傲人业绩，都是依赖于智能手机，但是"成也智能手机，败也智能手机"。三星二季度推出的新品Galaxy S6没有被市场认可，成为其遭遇滑铁卢的原因之一。

拿破仑在1815年滑铁卢是第二次失败，他之前1814年已经被打败过一次，1815年滑铁卢是从此彻底没有机会翻身。三星其实在S6推出之前，有大概一年到一年半的时间，新品已被追着打，被国产手机围绕，被苹果挤压。这次S6只是彻底证明，它的产品战略或者宣传战略已经告一段落。手机一般很少用低效率的推广方式，包括国内手机都是互联网营销、社会化营销，苹果就更多了。前几年，三星手机明显跟其他品牌的推广不一样，不一样的话有好处，那个时候能把人群吸引住。但是一旦情况变化到了一定程度，到了S6，这一招彻底失灵，它可能带来灭顶之灾。我们也看到它现在基本上没有还手之力，市场份额一直在下降，甚至想不出有什么办法扼住智能手机下滑的趋势。这是手机的可怕之处，一旦被大家抛弃，可能没有重新起来的机会。

我们一直开玩笑说三星手机比国内手机还要土豪，打汽车站广告，打地铁广告。但是，所有互联网产品或者智能产品，用这种反网络时代、反人群的推广方式都是不太成功的。三星手机在这方面对中国消费者的把握程度明显不到位。它还不如洗衣粉、洗衣液和一些饮品，人家还会赞助音乐产品。当然三星也会赞助一个歌手，但现在这个时代，赞助一个女歌手跟赞助一百个古灵精怪的戴着面具的歌手比赛的影响力完全不是一个当量。可见，三星手机在中国市场的整个品牌推广都有严重的缺憾。

现在放眼全球智能手机市场，二季度除了苹果手机高于市场预期之外，像索尼、LG、黑莓、HTC等一些国际大牌手机厂家的日子都不好过，三星手机还是他们里面最后一个陷入悲剧命运的。黑莓两三年前被苹果彻底碾压，本来是加拿大国宝企业，现在是加拿大企业大败局的经典案例，连加拿大人也不信它能复活。HTC的别名叫"火腿肠"，很多个季度都没有出现好产品了。虽然掌门人不断说我们要奋发、要努力，但是互联网时代不相信这些台词。所以它越奋发、越努力，亏损就越严重。LG上季度卖出810万部，已经是有史以来最好的，但是也赚不到钱。季报显示，LG卖出一部智能手机只能赚1.2美分，跟亏损基本上是一个概念，不是说真卖一台手机的时候只能赚那么多钱，而是固定成本太高，已经把所有利润摊掉了。许多国际大品牌手机都有这个问题，不管研发还是销售，都陷入这种高成本、低收益的怪圈。索尼也是这种问题，这些国际大牌手机在中国已经没有什么招了。目前看，三星也会重蹈他们的覆辙。

可以这么说，智能手机现在进入了一个危险时代。现在关键是寡头自己都很不安，像苹果这样19倍市盈率的品牌都这样，财报公布的那一天，股价大跌，单日跌去了相当于三个小米的市值。智能手机已经变成一个危险游戏，就像大家在一个赌桌上没有赢家，只是谁输得更快，谁输得更多。因为智能手机市场出现了问题。第一，智能手机的变化太快，这个快是相对的快，很多时候是消费者心理预期变化快。其实消费者根本不需要一部比自己手上的快很多的手机，但是每个厂家都在说自己有更好的，就把消费者期待值抬高了。同样，智能手机的厂商之间也在干这个事儿，比方某公司说"我不仅不赚钱，还要倒贴给消费者"。游戏规则就像当年家电大战一样，卖一个几千块钱的家电赚一两毛钱。智能手机接下来就变成没有赢家，包括苹果都会很惶恐，因为不知道哪一天突然就出现一个对手，而且对手也不赚钱，甚至对手不一定是做手机的，像现在董明珠都在做手机了，任何人现在都能做手机。这不是因为做手机的门槛很低，其实是制造门槛很高，但心理门槛很低。这个情况下，每个人需要的手机就是一台到两台，尤其是中国市场是全世界竞争最激烈的，没有人能够轻松，每个人都像是脖子上套了一个绞索。国产手机现在也是这个问题，竞争也一样到了"血拼"的阶段，而且不知道哪一天销售额就"哗"一下掉下来了。

在高端智能手机市场，三星手机败给了苹果智能手机。它要打翻身仗，似乎只有两条路摆在面前。要么继续在高端智能手机市场跟苹果手机死磕，要么就去中低端智能手机市场进行重新布局。一般来说，为了能够"狙击"苹果、取得消费者的关注，通常三星手机都在苹果九月新品发布会之前会推出它的某款旗舰手机，但这并不是很好的竞争策略，从苹果6跟6plus出现之后，这个办法已经很危险了。举例来说，上一次输给了苹果6，然后苹果6plus出来，三星再跳出来，岂不是找打。消费者预期已经被根本性地改变了。所以，三星可能进行降价，讲究性价比，不强调自己的东西比苹果好，价格占到苹果价格的2/3甚至一半，用起来感觉和它一样。这样，三星就能打动一部分对价格敏感的人，也能打动那些本来要等待苹果新款出来的用户。只是三星的产品得酷一点，得有一些能够直接打动消费者的"杀手级"应用，不过它好像从来没有这个基因。

那么，未来三星会重新考虑布局吗？会不会继续降价呢？其实，三星智能手机一直是赚钱的，比起上面讲的已经牺牲了的"先烈们"，它的日子已经比较好过了。事实上，高端市场从来都是好看不好用，这已经有过相当一段时间，我觉得再往下可能性不太大。三星如果比较务实的话，利用它的品牌势能再往下压还是有道理的。前一阵子某个品牌说中低端千元机价格低至699元，最低端的价格低至299元，这个角度上还是有招数可用的。而且三星这么大的盘子，如果再有市场还是可以从产业链整合里面得到利润。所以三星手机还有回旋余地，有这么多分销商、渠道商，还有曾经有过的辉煌，迅速做一些产品跟定位上的调整，还是有机会的。现在很难让大家再跟十几年前一样，买一个手机会让大家觉得有很多惊喜，超出预期，现在消费者心理预期越来越高。那个时候时间过得比较慢，那时候股票一千点可以跌一年，现在大概就是一两个星期的时间。而且特别是智能手机发布会的频率跟新品发布频率，已经比A股上市、新股发行还快。从这个角度讲，高度刺激其实让手机用户对手机的惰性或者麻木程度已经比A股股民被套几个跌停板还要深。手机用户已经被高度宠坏，不对它有高度刺激感，已经不会有反应。这个情况下，三星只能咬着牙，继续陪着大家把这个游戏玩下去。

有人担心，三星会不会成为第二个诺基亚或者第二个摩托罗拉。其实，如果仅仅是手机本身，确实危险性很大，因为手机一旦过了巅峰，进入下降趋势之后很难挽回。好在三星是一个大的集团，其本身有一系列产业链布局，包括液晶屏、制造业等。它不仅仅靠渠道跟品牌，而且又是韩国电子产业最后的一个堡垒，制作研发都有它的核心竞争力。从这个角度讲，三星可能比中国小米或者魅族这种公司有积累得多。说白了，它这一块根基很深。现在智能手机方面暂时遇到一个大的压力，未必表明它不能做。其实有一个企业可以对比，就是因特尔，它一开始不做中央处理器（CPU）而是做很多事儿，后来被重重围堵，最后一着急、断臂求生，就只做CPU。三星在市场还有一定的生存空间，跟难兄难弟相比还有优势，完全悄无声息退出的可能性比较小，更有可能转化为另外一种形式跟手机合作，包括现在苹果A9处理器也是它研发的。它可能从此不再是别的手机品牌的直接竞争对手，而是转为合作伙伴。现在有"Intel inside"，过两年可能会出现小米手机上有"三星 inside"，我觉得这样对它来讲其实是一个好事儿，就可以永远生存下去，像高通提供芯片一样，少花很多打广告的钱。

全球餐饮巨头百胜集团在中国业绩下滑

在国内，提起肯德基、必胜客，很多朋友想到的是就餐者络绎不绝，甚至必胜客门口还常出现排队的现象。可是，肯德基和必胜客川流不息的客流却无法掩盖一个事实，那就是它们的母公司百胜餐饮集团业绩连续下滑，而业绩下滑最大的拖累则来自中国区。显然，百胜餐饮集团正在经历着叫好不叫座的烦恼。

一提到百胜餐饮集团，可能有些朋友还要在脑海里面搜索一下，怎么没听说过，事实上我们常见的肯德基、必胜客、小肥羊等这些品牌，都是百胜餐饮集团的。百胜餐饮集团是全球餐饮巨头，商业历史上整合其他品牌最成功的就是百胜。但是百胜与苹果、诺基亚或者惠普不同，没有不断地开新闻发布会，总公司也不找形象代言人。所以，大家知道百胜的子品牌、"孙品牌"，知道它的

"儿子""孙子"，但是对于"老爹"，大家不太注意。事实上，百胜在全球110多个国家和地区有3.5万家连锁餐厅、100多万员工。大家都知道的那些不是特别高档的连锁餐厅，基本上都是它的。从这个角度上讲，百胜公司是一个隐形冠军，大家并不知道，但是人们日常看到的很多东西都跟它有关。

百胜旗下的肯德基、必胜客在国内算是门庭若市，但是门庭若市也难掩百胜餐饮集团中国区业绩下滑的事实。为什么中国区业绩不太好呢？2015年10月百胜集团的一次电话会议上，其高管作财务报告的时候也提到了，第一点原因是中国人的消费习惯发生了变化；第二点是经济大环境的滑落。所谓的消费习惯变化是，现在外卖很多，比如各种各样的"互联网+"餐厅，严重冲击了必胜客、肯德基这种需要到现场消费的品牌。就是说，消费情景的人在减少，这对大餐厅没有什么影响，因为高档餐厅人们可能一年只去几次，但是中低档连锁餐厅明显受到影响，人们去中低档连锁餐厅的频次明显减少了。这比整体经济增长放缓对百胜的打击更大。说白了，餐饮业就是"苦大仇深"的行业，大家都不知道百胜的名字，说明它不花钱做母公司品牌的广告，因为一花钱就对盈利有压力。餐饮行业跟别的行业不一样，餐饮特别是连锁餐饮就是"出大力、流大汗"，对成本和收益都极其敏感。每一次经济波动，餐饮行业都是最敏感的。百胜集团在中国区的业绩是中国经济晴雨表的典型表现，比股市还要直接，也更有说服力。

百胜餐饮集团首席财务官帕特·格里斯莫说，必胜客中国连锁店的同店销售在2015年9月份下降了3%，这代表着一种重大的意外，是我们在8月份没有料到的。面对基金经理的质疑，百胜的CEO、财务官很坦诚，说愿意对业绩下滑负全部责任。这看出餐饮业巨头跟IT、建筑业或者金融业等完全不一样，"很老实"。因为餐饮生意没有太多花俏，没有太多财务上的技巧可施展，没有太多资本运作的故事可说。除了麦当劳，百胜基本上把其他能合并的都已经合并完了，在行业内已经遥遥领先。这个时候，特别是它对中国区同店销售增长下滑负责的坦言，我觉得这是一个很理性跟很负责任的态度。

过去五年，中国市场都是百胜餐饮集团业绩的增长动力，但如今随着去必胜客就餐的人不比昔日了，公司压力也不断增加。2015年7月份公布的第二季财报显示，百胜集团中国区同店销售已经连续下跌4个季度。作为百胜餐饮集团最重要的市场之一，中国区销售的下滑对百胜餐饮影响非常大。百胜餐饮由于中国业务疲弱而调降财测，第二天公司股价一度重挫19.3%，几乎是A股10%涨跌幅限制的一倍。对于华尔街来讲，任何一个公司连续下跌几个季度，他们都受不了，觉得这个公司要完了，跟着就抛股票。这也是百胜股价当天跌18%的原因。另外，现在对于所有国际公司来讲，中国区销售数字就是它的指标，总业绩好不好就看中国区的销售好不好。百胜自己说，它在全球现在只有中国市场、印度市场跟全球市场，把中国市场和印度市场之外的其他部分叫做"全球市场"。对于百胜来讲，能够把印度市场或者中国市场稳住就是最大的利好，因为全球市场经济本身就在一个平缓区间，上下幅度不大，真正涨也靠中国区，跌也靠中国区。这么一来，中国市场压力特别大。比如说2015年第三季度，百胜中国对公司总体营收的贡献已经占到57%，说明百胜在全世界其他地方加起来也就是40%多的市场，算上印度。而在全公司

6.3亿美元的营业利润里面，中国贡献占了54%，等于全球餐饮老大有54%的钱是靠中国赚的，可见中国市场对它的影响力有多大。

有人好奇，肯德基、必胜客等洋快餐在中国已经发展很多年了，中国区业务的下滑到底是怎么形成的，直接或者间接的原因是什么？是他们公司管理出了问题，制定策略方向出了问题，还是整个消费环境导致这个事情的发生？

其实，这几个方面都有。比如，必胜客连锁业务犯了错，向消费者提供高价牛排，很不幸我也吃过，没吃出来高价好在哪儿，还不如吃个普通的东西。它可能在菜单上有一些创新，但是创新没有获得中国消费者的认同，这是一个很关键的事。百胜集团CEO说未来要做好几个工作，比如品牌定位、产品，还有破坏性的价格，破坏性的价格就是低价，就是本来卖30元现在卖25元，这在线下实体已经是很大的折扣了，不能跟网上比——30块钱不但打折还包配送。还包括它对数字社交也要提升，还要提供超体验的客户体验。

百胜是一个很传统的公司，但是现在说的全是互联网语言，从中也能看出来，公司脑子很活，知道中国年轻的消费者在想什么。因为百胜面对的就是偏年轻的人群，要争取他们，就要找年轻人的关注点，之前肯定是没找对。而且，这群人总在变，前几天还在看《伪装者》，这几天就在看《琅琊榜》，商家得不断跟上他们的节奏。所以，现在在中国做第三产业、做服务业很痛苦，因为你永远不知道下周这群年轻人喜欢什么。

现在的消费者一方面对尝试新东西的动力很强，另外一方面，其他各种行业，尤其是跨界的，我们称之为"降维打击"的，包括饮食业的外卖、团购网站，给年轻人的消费习惯带来很大的变化。

连百度也扔了两百亿到这个市场里，阿里巴巴、腾讯也都在往里面注资，等于重兵投入。本来是传统餐饮，肯德基只需要跟麦当劳竞争，结果是它跟麦当劳一起面对一群闯进来的"野蛮人"，而且这群"野蛮人"兵精粮足，武器先进。这对于它们来讲是很痛苦的事。

从这里也能看出来，洋快餐有一些变化，包括百胜在2015年第三季度的电话会议上讲的五点。这五点简单说就是低价而且要感觉好，要创造真正的性价比。这比以前要聪明，以前讲品牌，现在大家发现这些不够，要让消费者愿意路过你的店、走进你的店，走进来后还要消费，必须把传统内功用上来。百胜做这个行业这么多年，整合这么多品牌，每个品牌的优势有哪些，这不能藏着掖着，说白了就得图穷匕见，要把吃奶的力气都用出来。

人们开玩笑说，餐饮业是很苦的行业，也就比传统制造业强一点。企业传奇里面很少有餐饮业的事。中国曾有一两家所谓的餐厅，本来想上市，后来很快出事了。餐饮业会出八卦，但是出不了伟大的公司，也很难听说有多少价值观输出，没听说过哪家餐厅改变了世界。有关的故事也就是当年乔布斯讲的，"你愿意卖糖水还是愿意改变世界"，就把当时的百事可乐总裁约翰·斯卡利给"拐走"了。所以对于餐饮业来讲，移动互联网时代是很长期的考验，可能不只是一个季度、两个季度。

不过，我觉得百胜是有反攻的招数的。餐饮业跟别的行业不一样，不像手机品牌彻底毁灭就毁灭了。餐饮固定的消费量还是在的，无非是消费者上网点餐多一点，线下消费少一点，但是消费总量没有改变。百胜比别的餐饮企业要大，现在它能够用低价和高性价比去竞争。它挤压的不是线上的那批人，是挤压比它更弱小的一群人。就跟民间故事说的一样，来了老虎，我只要跑得比你快，老虎就吃你不吃我。而且百胜集团CEO对中国区的CEO寄予厚望，中国区CEO做得好，肯定能接他的班，事实上所有巨无霸公司，中国公司CEO只要做得好，一定能当全球老总。这些人只要干一件事情在中国做到最大，一定是全世界最大。从这个角度讲，所有技术难题对百胜来讲都存在，但是他们内部有可能消化掉，而且有可能解决。

百胜中国区的业绩不太理想，那么其他国家市场的战绩又怎么样呢？

百胜首席执行官说，中国部门复苏步伐低于预期，但是中国以外地区Taco Bell、肯德基这两个其手下著名的牌子继续延续增长势头，必胜客基本持平。为什么呢？不是因为它们在外面做得很好，只是因为在外面遇到的对手没那么强劲。现在中国的消费市场，甚至中国的年轻人市场是世界上最难做的市场，已经到了"拼刺刀"的地步。我们开玩笑说，现在已经有外国邀请中国外卖公司跟团购网站去那边开业，这样很恐怖，到时候外国的传统公司很快就会觉得经验不够，要到中国取经："你们是怎么应对中国野蛮的团购网站跟外卖网站的？"这也有可能。这么说，中国市场已经是全球最领先、最复杂的市场，外面的经验作用不是特别大，更多的还要靠怎么在中国本土化，消化这些东西。

面对如今这种局面，有分析师建议这家公司拆分中国业务，还有一些人呼吁百胜餐饮放缓在中国开新店的速度，并且把当地现有的门店出售给加盟商，这样能提升百胜的餐饮业绩吗？

其实，这都属于外面替它瞎操心，有点瞎支招的意味。别的公司尤其是越大的互联网公司、IT公司，我都主张分拆，但是像餐饮这么传统的行业其实拆不拆意义不是特别大，中国市场已经占了百胜业务的半壁江山，它分拆了，中国公司很好看，母公司业绩就很难看了，所以未必需要做这件事。至于延缓在中国开新店的速度，这个建议更加不对，因为对于餐饮业来讲，不管生意好不好都要布点，永远占领，永远在你家旁边，这才是他们的安身立命之法。至于把当地门店出售给加盟商，那就是中国人干的。摊薄、失去控制这类事，百胜这种水平的公司也不能干。所以他们继续按照自己的方法干就挺好。

足协单飞，中国足球有望活出真我

　　2015年8月，足协和体育总局脱钩了，足球界呼吁二十多年的"管办分离"终于要变成现实了。对于这样一个事件，有业内人士说，无论肉体上怎么脱离，更多的人还是要和这个足球有关。确实，目前来看，未来四年到五年，我国足球产业可能会迎来更快的发展，而我国的足球产业投资者和相关企业同样也需要足球人才。

　　2014年下半年，我参加了一个很大的机构组织的对于足球体制改革的方案设计。当时大家提出很多问题，好多东西似乎是不可能解决的，比如，我们是搞校园足球还是搞竞技体育，是搞精英制还是搞普选制等，反正有很多争论。当时大家还在担心：如果我们要搞，哪里找这么多教练？跟着又提出一个问题：到底为什么哥斯达黎加才三百万人，才三万人踢足球，却能踢进世界杯？当时有很多争论、很多不一样的看法，没有达成共识。现在回头看过去，一年来万达和阿里巴巴这两家的动作就很清楚了。万达收购了瑞士盈方，盈方是布拉特的一个关系公司，虽然其强项是冰雪，但是在足球领域、国际足联方面也有很大的影响力。还有万达投资了乐视体育，入股了马德里竞技，马德里竞技是西班牙的一个非常有潜力的豪门。而淘宝恒大则想了很多像各种区域联赛、超级联赛等方法。从这里我们可以看出来，国内的体育产业只有两种，一种叫足球产业，一种叫非足球产业。所有非足球产业加起来，可能还不如足球产业热。但是，足球产业单飞只是所谓的必要不充分条件，不是说足球产业单飞了就一定能行。大家呼吁单飞，是因为有两个坐标，一个是全世界的足协几乎都是民营的。在中国足协单飞之前，还有另外一个国家有单飞的问题，就是俄罗斯。俄罗斯的足协也是归俄罗斯运动总局管的，但是前几年在普京的推动下，俄罗斯的冰球跟足球脱离了体育总局，结果俄罗斯后来就申办了世界杯。2014年的世界杯俄罗斯打得还可以，不能说很好，俄罗斯也请了很多洋帅。就目前来讲，中国是第二个有足协又有体育总局的国家。所以，足协这次摆脱了体育总局，对大家来讲真正缺少的除了体制，还有很多足球人才，不管是裁判、球员，还是其他围绕这个足球产业的人。这种缺乏人才的现状跟足球现在的热闹形成一个巨大的反差。目前该领域人才缺口很大，年轻人找工作可以在这里面想想办法。

早在2009年，相关部门就对足球产业链条进行了多次国内、国外调研。2014年10月，国务院印发了相关意见，足球产业无疑是体育产业当中的一个重头。有分析人士说，这次中国足球协会调整改革方案的发布，也是给投资者指明了一个投资方向。足协单飞肯定会对我国足球产业产生一些非常大的影响，于是就会有一些投资者受到足球领域"有利可图"带来的吸引，或者认为它也是一个很好的资本运作机会，或者以其他一些方式进入这一块。因为大家都知道足球产业很大，也知道这个产业很落后，也觉得里面有很多机会。但是机会到底怎么抓，特别是我们看到前一批进来的房地产商都没有赚钱便纷纷出去了，现在轮到互联网公司来接盘。这里面的整个游戏规则或者是游戏的得失还比较微妙。这个方案我觉得比较靠谱、到位的是鼓励地方政府创造条件，引导一批优秀俱乐部在足球基础好、足球发展有代表性和示范性的城市里面留下来，这就避免俱乐部随着投资者的变更而不断走来走去，更不要说改名了。说这个方案比较到位，是因为所有的足球一定是本地化的。很难想象一个城市的球迷不支持自己城市的足球队。不过，有两支、三支足球队另说，球队多就打得更激烈。从这个角度来讲，地方政府创造条件，可能是因为足球产业比其他产业效果更明显。因为它需要足球场，需要配套的东西，需要对外交流。可能球迷都不会知道，我们以前邀请一个外国的足球俱乐部来中国比赛，其实是有一套程序的。足协单飞之后，它自己就能办这个事，就不用再去求体育总局了。还有，方案里面还鼓励地方政府以场馆入股俱乐部，这样其实也是帮助俱乐部，而且帮助不那么短期化、不那么急功近利，要给它一些反哺。这是比较理性的东西，说白了，足球也好，其他体育产业也好，都不是今天扔钱，明天或者明年就能够有一个超额回报的。它需要一个养成周期，着急不得。日本的职业足球搞了五十年，女足拿了世界杯冠军，男足还是被人家打得满地找牙，男足很想拿世界杯冠军，结果一上去还是不行。但是，日本把整个联赛建起来，把整个制度建起来，把整个足球人才培养起来了。所以我觉得，方案里面特别提到的"打造百年俱乐部"还是比较现实的事。

中国足球商业化、挣脱了最后一根风筝线之后，成效怎么样还得靠时间来检验。尽管中国足球让不少球迷又爱又恨，但是一些商业精英早已经在足球产业进行了布局，比方说前面提到的万达。中国足球单飞让不少朋友对足球产业充满期待。那么，就现在的时间点而言，我国足球产业的整个体量怎么样呢？

整个足球产业的体量应该说基础很弱，但是未来的想象力跟空间无限。拿最简单的一点来说，中国球迷按照保守统计超过3亿，假如有世界杯或者中国队的决赛，或者其他重要比赛，我觉得这个数量会瞬间放大到6亿，也就是说中国至少还有3亿的准球迷随时能加入，所以球迷支持着一个庞大的产业链条。这个链条中，从俱乐部的经营、看比赛，甚至上网，到对自己喜欢和不喜欢的球队表达爱慕或者愤恨之言，还包括对青少年的培养，都形成很大的市场。所以有一个说法是足球产业的市场规模能达到8 000亿元。在经济不明朗的情况下，这个行业的体量值得大家期待。

不过，中国的职业足球事业发展道路非常曲折，和国际上领先的足球产业相比，我国的足球产业还存在一些不足。

总有人喜欢拿中国足球与英超联赛做对比，但是负责任地说，全世界只有一个英超联赛，而且只有英超联赛经营得非常好。更多、更理性的人谈的是德甲，就是德国的联赛制度，它是赚钱的。英超的收入很高，但里面很多球队是亏损的。英超是典型的选秀制，有点像NBA，就是买球星，把世界上最红、最漂亮、最有人气的球员买过来组成豪华阵容。所以英超里面对于外援的使用等都是最放松的。从整个角度讲，英超的玩法是很激进的，包括它对版权经营这类的东西，都是所谓的"把商业化价值挖掘到了令人发指的地步"，就是说，它已经把商业足球联赛能赚钱的地方都赚了。但是这里面存在一个涸泽而渔的问题，它会对这个市场过分透支。相对来讲，德甲或者德乙等整体上比较有条理，球队如果亏本到一定程度，会被降级，所以他们更多要考虑本土青少年的培养。为什么英格兰队被称为"欧洲的中国队"，就是因为它的青少年训练跟不上。好多英格兰的足球神童放在中国队也差不多，都是名声大，实际功能少。而德国的足球联赛在这方面做得特别好。德国也是世界上业余的和职业的俱乐部最多、足球人口最多的国家，它在这方面是有特色的。很多足球联赛并不一定是足球最大的收入和最大的商业价值所在，而是要把它建立成可持续发展的。

另外一个好看的就是西甲，但是西甲最值得看的就是两支队——皇家马德里和巴塞罗那，一个是宇宙队，一个是银河队。我们开玩笑讲，现在的西甲分成两个比赛，一个叫西超联赛，就是这两个队之间的比赛，另一个是剩下十八支球队争夺第三名。这两支球队的优势太明显也会变成一个问题，就是在西班牙，大多数人要么是巴塞的球迷，要么是皇家马德里的球迷，其他俱乐部的日子相对就变得艰难，发展也很难，这对整个足球的发展来讲也不是特别健康的事。

至于其他联赛，像法国、土耳其那样级别的就更多了，包括俄罗斯联赛也有点像英超，就是砸钱，好多南美的球员从热带到冰天雪地的俄罗斯去踢球。所以，我们中国足球能学的地方说很多也很多，说很少也很少。我们与其去学英超或者学西班牙，不如干脆从日本、韩国的联赛开始学习，不过日本和韩国的联赛的商业价值都不太高。从这个角度来讲，中国足球产业的整体价值会很高，但是它不代表中超联赛一定要到膨胀的地步。比如说可能存在这种问题，像英超最大的问题是球员的收入太高，教练的收入太高，等于一大半的钱给了那几个球星，像贝克汉姆之类。这是很典型的英超困境，英超球星退役之后，除了做足球比赛的评论员，其他球员好像都不太有好结果，甚至搞到破产。这就是因为球员在职业生涯里面短期收入太高，完全破坏了足球的正常生态，有点像我们A股之中，拉了多少个停板的那种神创板的股票。

从目前看，英超未必是值得中国足球学习的方向，当然我们也学不到。中国足球产业化面对的不足是很多的，比如梯队建设、俱乐部建设、裁判、足球研究人员等方面都存在问题，甚至像我们这些不是从事足球产业的人有时候也被拉来当顾问。有一些大的机构要研究的时候，能够找到的有视野的专家很少，还得把不同领域的大家组合起来。现在，中国社会对于中国足球关注的纬度还是太单一，就是比赛赢了、输了，大家是不是骂或者说是不是赞，这是一个比较平面的东西。真正的足球产业发展起来可能是很深、很立体的，比如一些英国球迷可能喜欢一个俱乐部喜欢一百多年，好几代人都喜欢这个足球队，这才是足球产业的真正魅力。总之，足球产业链跟足球文化要配置起来，如果球迷到球场还是那几句国骂的话，也影响整个产业的整体价值。

接下来，中国足球要发展，必须要改变思维。比如说，外面的市场化运作是第一步，要以市场为导向，要让球迷看了高兴，要让球迷能够获得观赏比赛的价值。另外一点很重要的就是，"管办分离"可以把一个短期行为变成长期行为。以前足球管理中心的负责人是一个行政官员，他是有任期的，做得好，可能过两年就调过去了，做得不好，可能被贬掉，或者由一个根本不懂这个行业的人来做。而变成足协一个专职的话，他有可能一直做下去，做10年、20年，而且整个团队也能系统稳定地做下来。这样的话，就真真正正像我们说的，中国足球要考虑由娃娃抓起，或者说有一个梯队建设，整个市场的重建就可以成为现实，而不是一个短期的金牌体制的策略。所以对中国足球产业化来讲，更多是补课，先不要学着博尔特去跑，咱们先跑进预选赛、半决赛再说。对于中国足球来说，不能急，越是想赚钱，估计越赚不到。

那么，普通老百姓能够为中国足球产业化做点什么？

其实大家能做的很多。第一要学会欣赏足球，不要太执著于赢一场比赛、输一场比赛，当然输太多也不行。事实上，对一些俱乐部特别是愿意培养新人的俱乐部，愿意创新、改变的俱乐部，我们应该去支持，而不是狭隘地只看几场比赛的输赢。同时，整个足球文化特别是足球商业文化建设，也应该与时俱进，得赶上以前的思路。这倒不是文明不文明的问题，就是要把一个足球产业变成一个可以消费的产业，成为一个主流人群消费的产业，比如100年前的英国只有工人阶级才看足球，100年后英国的主流社会也把它当成精神生活和文化生活里面的一部分。

迪士尼的布局与运作

　　这篇文章从一个卡通形象说起，那就是米奇。说起米奇，大家脑海当中会浮现这样一个形象，吹着口哨、握着方向盘、穿着标志性背带裤的米老鼠。它已经风靡全球几十年，深入几代人的脑海，而且它的东家迪士尼公司也赚足了真金白银。2015年5月20日，风靡全球的米老鼠和它的小伙伴们一起来到上海，落户上海迪士尼零售旗舰店，这也是全球最大的迪士尼零售旗舰店。迪士尼公司为了表达对中国顾客的厚爱，把开店日期选在了充满爱意的5月20日这一天，而且开业时间是13点14分，真的是用尽心机。开业当日，门口排起了长长的队伍，可见大家对迪士尼的爱。对此，有人质疑，花几百块钱买迪士尼玩偶对上海消费者来说就是毛毛雨吗？

　　迪士尼的产品确实比一般的玩偶贵，比没有授权的玩偶贵很多，翻几倍。买给儿童的或买给亲人的东西，一般的家长愿意付出更多的品牌溢价，大家认为迪士尼的产品更安全一点，或者质量更好一点，而且现在随着大众心态的变化，大家也愿意用正品了。所以迪士尼在中国开了首家正品店，特别是在现场氛围下，大家排队排那么久了，不差那么一点钱了，这个时候购买也是自然的。

有见多识广的顾客拿了产品做全国比价，一款小的米奇玩偶比日本或者香港的贵二十元左右，大家还会去买。这主要是因为国情心理不一样，像A股跟H股，A股比H股可能贵20%、30%。在现场特殊环境下，冲动消费是可以理解的，回头看未必是不惊人的选择。可能对于小孩来讲，这个人生记忆是非常深的，到了现场不买点东西回去有点说不过去，钱花在小孩身上图一个大平安也是好事儿。

在那种情况下，大家把性价比已经抛到脑后，因为吸引大家的莫过于迪士尼乐园，里面有古色古香的店铺。如果走在迪士尼世界当中，碰到一些演员扮成的米老鼠、唐老鸭等，大家会热烈欢迎。我十年前去香港迪士尼乐园的时候，是去工作的，最后一次作为摄影记者完成这个媒体工作，一开始我对迪士尼的兴趣一般，但是后来发现这个乐园还真是有意思。它做得很到位，进去感觉宾至如归，还有员工发自内心的沟通。那里的员工不叫员工，叫做演员，把职员休息的地方叫后台。每个人其实没拿多少工资，但是迪士尼公司告诉他们，他们是演员，每个人都有表演的舞台。那时候香港很热，他们穿着毛绒绒的东西，半个小时下来浑身都是汗，但我能很明显感觉到，那些职员是爱工作的，与我们其他主题公园不太好看的脸色比，迪士尼的员工对游客的关爱是深入骨髓的。

迪士尼有很多卡通形象，不仅仅有动画片，还有大量的真人电影，比如很火的《复仇2》在国内上映一周，票房达到了10亿元，还没有下映就已经成为2015年国内票房亚军，很了不起。在北美市场，它的票房更是超越了《速度与激情7》，成为2015年北美票房冠军。步步高升的票房让电影背后的迪士尼公司成为大赢家，那么，这是不是说迪士尼公司现在主要的盈利点已经换成电影票房了呢？

在2014年可能是，因为2014年迪士尼旗下电影娱乐业务纯利润是17亿美元，营业收入是72亿美元。迪士尼公司是我们讲的在商言商、相关多元化，它在不同的时代，不同的年份，下面几个业务之间互相有起有伏。比如20世纪八十年代，迪士尼乐园收益率最高的时候占总数的比例超过70%。所以它不需要依赖任何一个东西，比如说一定要靠电影或者一定要靠迪士尼乐园，一个比较均衡的比重也是它最成功的地方。虽然每个业务都有起伏的时候，但是几个业务加起来，就能稳稳做第一，从这个角度讲，迪士尼的生意做得非常好。

迪士尼的影视剧作品大获成功，跟迪士尼对剧本的严苛把控和制作高要求密不可分，一个剧本要修改几十次、上百次，这样甚至还有被"枪毙"的风险。在这样严格的情况下，我们看到米奇等被观众高度认可，使得迪士尼借机开发衍生品，包括服饰、玩具、出版物还有音乐剧等。纵观迪士尼运作方式，我们发现迪士尼的商业模式可以简称为三个字——卖故事，《复仇》《雷神》《绿巨人》等电影里的人物都不是真人，每个人的性格都是通过故事展现的。迪士尼是先找故事，通过故事产生一个人物，根据人物产生动画，产生电影定理。它利用知识产权进行一个长链条通吃，再衍生出专卖店等，这是人类文明史上很理想的模式。它是绝对的轻资产，不靠工厂，也不靠机器，就靠所谓的创意，跟着实现创意的一个系统组织。这说起来一点都不难，能给人很多梦想，但是做起来很难。

上海迪士尼乐园开业之后，意味着中国大陆第一家迪士尼乐园正式诞生了。除了大家去迪士尼乐园更为方便之外，迪士尼乐园肯定对周边酒店、景区有一定的拉升作用。比如一下子多了交通运输、酒店、娱乐、会展、出版等相关的上下游产业。开业当天上海机场都涨停了，给上海及周边地区增加了很大的想象力。有人统计，迪士尼使上海的客流增加了7%左右，这非常可观。因为对于目前成熟的大城市来讲，要找到一个很合理的，或者很有持续性发展的增量很难，搞世博会也好，奥运会也好，都只是几天。特别是上海谈这件事已经谈了十几年，最后这么慎重进行下来后会给当地带来深远的影响，可能会造福二三十年。这非常有价值，因为迪士尼确实很谨慎，在全世界都很少。

迪士尼是一家值得尊敬的公司，这份尊敬除了来自经营的收入以外，恐怕更多来自其强大的文化影响力。迪士尼乐园进驻上海之后，上海的文化传媒业可能也会获得大幅的发展和提升。因为迪士尼的游戏规则和它对人才的吸纳程度都比以前有大幅度的改变。它可能会给传媒业带来巨大的变化，一下子会改变它的生态系统。这里面会有机会，甚至有很多人会为了跟迪士尼合作而到它附近来，这甚至会影响整个国内一些产业人员的流向。

迪士尼公司制造了百年传奇，也制造了很多欢乐，让很多人着迷。对于中国企业来说，迪士尼身上有很多可以借鉴的地方。第一，迪士尼讲欢乐，讲正向的东西，讴歌真善美。其实迪士尼的商业发展、并购过程中也带有很多商业元素，不一定都是这么光明，但是它拍的电影等东西都是邪不能胜正，展现善良是最好的。它有这种文化，没有阴谋论，里面所有的出卖背叛的行为最后都会得到惩罚，不会有太黑暗的渲染，做得不对的人会受到惩罚，受到鞭挞，最后推出的是正向的价值观。这点是现在很多做文化产业的机构或者作者做不到的，它们可能总是忍不住刺激人类脆弱的地方，把黑暗的地方放大。这样可能在一段时间内会获得一定的市场，但是不会走得长远。国产电影总被人骂，一个原因是不好看，另外一个原因是旧的东西不被大家喜欢。

第二个可借鉴的地方是迪士尼公司对知识产权的保护和重视。迪士尼就是一个强大的经济人，基本上能把所有的文化创意变现，不管是写作还是音乐，当然它也分钱，给作者的稿酬还是可以的。某种意义上讲，这真正完善了产业链，别的商业机构、商业公司和创业者之间是不公平的，或者说没有找到合适的轨道。这点特别值得中国公司体会和学习。

曾经有人给华特·迪士尼特别高的评价，说他创造的真善美和快乐是永世不朽的，千千万万人在他的才华的照耀下，享受到更加光明、快乐的生活。这绝非是溢美之词，迪士尼世界交织着世界和梦想，沉浸其中的孩子如愿以偿地进入童话世界，大人则可以重温旧梦，找寻一下失落的童心。迪士尼公司用了九十年时间名利双收，中国企业要赶上迪士尼从现在开始大概需要十年的时间。因为十年大约是一代人成长的时间，一代人要换掉一些过往的思维，建立新的价值观，需要一个新陈代谢的过程，这是不能急的。华特·迪士尼当年创业的时候，也经历了一段很悲惨、很痛苦的岁月。中国的公司要赶上迪士尼，需要同样的投入和同样的沉淀，千万不能急，越急越做不成。希望我们更多的民族品牌早点崛起，打造类似迪士尼那样的一个娱乐品牌出来。

图书在版编目(CIP)数据

互联网新物种新逻辑/ 陆新之主编. —成都:西南财经大学出版社,
2016. 11
(常读. 趣味集)
ISBN 978 - 7 - 5504 - 2696 - 2

Ⅰ. ①互…　Ⅱ. ①陆…　Ⅲ. ①互联网络—应用—研究
Ⅳ. ①TP393. 4

中国版本图书馆 CIP 数据核字(2016)第 257488 号

互联网新物种新逻辑
HULIANWANG XINWUZHONG XINLUOJI

陆新之　主编

图书策划:亨通堂文化
责任编辑:高小田
特约编辑:朱莹
封面设计:墨创文化
责任印制:封俊川

出版发行	西南财经大学出版社(四川省成都市光华村街 55 号)
网　　址	http://www. bookcj. com
电子邮件	bookcj@ foxmail. com
邮政编码	610074
电　　话	028 - 87353785　87352368
印　　刷	郫县犀浦印刷厂
成品尺寸	140mm × 200mm
印　　张	6. 5
字　　数	145 千字
版　　次	2017 年 1 月第 1 版
印　　次	2017 年 1 月第 1 次印刷
书　　号	ISBN 978 - 7 - 5504 - 2696 - 2
定　　价	30. 00 元